澜湄水资源合作研究丛书
LANMEISHUIZIYUANHEZUOYANJIUCONGSHU

澜湄水资源合作科学研究与应用

程东升　张汶海　周智伟　等　著

长江出版社
CHANGJIANG PRESS

澜湄水资源合作研究丛书 编委会

参编人员（以姓氏笔画为序）

王志飞	韦人玮	邓翠玲	毕宏伟	刘　陶
汝　楠	许　凯	李　浩	杨　琳	何子杰
佟宇晨	张先员	张汶海	陈　卫	林玉茹
罗祥生	周　敏	赵树辰	胡　波	徐　驰
高　明	郭利娜	曹慧群	董林垚	程东升
翟红娟				

总前言

GENERAL PREFACE

澜沧江—湄公河发源于中国，依次流经缅甸、老挝、泰国、柬埔寨和越南，既是联系六国的天然纽带，又是沿岸国民众千百年生息繁衍的摇篮。2016 年，澜湄六国携手共同建立了由上下游国家参与的全方位合作机制——澜沧江—湄公河合作（简称"澜湄合作"）。澜湄六国一致同意在澜湄合作框架下共建澜湄国家命运共同体，确定了"3+5 合作框架"，即坚持政治安全、经济和可持续发展、社会人文三大支柱协调发展，优先在互联互通、产能、跨境经济、水资源、农业和减贫领域开展合作。

澜湄合作因水而生，因水结缘。自澜湄合作机制启动以来，水资源合作经历了培育期、快速拓展期，现已阔步迈入全面发展的新阶段。作为澜湄合作的旗舰领域之一，澜湄水资源合作风生水起，结出了累累硕果。在机制建设方面，六国定期举办澜湄水资源合作部长级会议和论坛，成立了澜湄水资源合作联合工作组，设立了澜湄水资源合作中心，积极推进水资源领域协商对话、经验交流和项目合作。在共同应对水旱灾害方面，中国作为上游国家，充分发挥澜沧江水利工程调丰补枯作用，尽最大努力保障合理下泄流量，多次应湄公河国家需求提供应急补水，积极与湄公河国家携手应对全球气候变化影响。在信息共享方面，中国水利部自 2020 年开始正式向湄公河国家提供澜沧江全年水文信息，并开通澜湄水资源合作信息共享平台网站，积极同澜湄流域国家开展水资源数据、信息、知识、经验和技术等方面的共享。在惠民项目合作方面，中方联合湄公河国家积极争取中国—东盟海上合作资金、亚洲区域合作专项基金、澜湄合作基金等资金支持，在水资源规划、山洪灾害防治、应对水旱灾害、小流域综合治理、供水工程建设、学科体系建设、监测能力提升、大坝安全、人员交流与能力建设方面申报了系列项目，全方位、宽领域、深层次提高湄公河国家水利基础设施和管水、用水、护水能力。近年来，澜湄水资源合作政策对话与技术交流进一步加强，流域信息共享进程进一步加快，防洪抗旱应对能力进一步提高，民生保障工程效益进一步发挥。

《澜湄水资源合作研究丛书》由长江出版社和澜湄水资源合作中心组织长期从事澜湄水资源合作的专家、学者编写。《澜湄水资源合作研究丛书》共5册，以澜湄流域内国家水资源项目务实合作为主线，围绕水资源整体情况、水资源管理、水资源相关科学研究成果、水资源务实合作项目成效、水资源合作机制建设等领域，详细介绍了在澜湄合作机制下澜湄水资源合作第一个金色五年取得的丰硕成果，是充分展现澜湄六国友好合作和中国水利服务构建澜湄国家命运共同体的书籍。

　　我们相信，《澜湄水资源合作研究丛书》的出版，将有助于社会各界更加全面、科学地认识澜湄流域、澜湄六国和澜湄水资源合作，更加系统、翔实地了解中国水利参与共建澜湄国家命运共同体的实践。同时，丛书在编写过程中既重视学术性，也强调可读性，力求将与澜湄水资源合作相关的专业知识通俗准确地介绍给更为广大的读者群体。

作　者
2024年3月

前 言

PREFACE

澜沧江—湄公河（简称"澜湄"）发源于中国青藏高原唐古拉山东北部，自北向南流经中国、缅甸、老挝、泰国、柬埔寨和越南六国，于越南湄公河三角洲注入南海，干流全长4880km，是东南亚最大的国际河流，素有"东方多瑙河"之称。澜湄六国共饮一江水，亲如一家人，是事实上的命运共同体。基于澜湄地区较为深厚的合作基础，2016年3月，中国、泰国、柬埔寨、老挝、缅甸、越南六国在海南省三亚市举行了澜湄合作首次领导人会议，发表了《三亚宣言》，标志着澜沧江—湄公河合作（简称"澜湄合作"）这一新型次区域合作机制全面启动。澜湄合作成立6年来，在机制建设、战略规划、资金支持、务实合作等方面均取得显著进展，为地区发展注入了新的"源头活水"，给各国人民带来了实实在在的利益。

水资源是澜湄合作机制各成员国人民赖以生存的重要自然资源和宝贵财富。水资源可持续利用对支撑经济社会可持续发展，维护区域生态安全，推进联合国2030年可持续发展议程至关重要。澜湄合作因水而生，因水而兴。水资源是澜湄合作的旗舰领域，也是澜湄合作的中心内容。当前，各成员国都处于经济社会快速发展阶段，工业化和城镇化对水资源的需求日益增长。同时，六国还共同面临洪旱灾害频发、局部地区水生态系统受损、水污染加重以及气候变化带来的不确定性等挑战，不同程度地存在水利基础设施建设滞后、水治理能力有待提高等问题。各成员国面临的涉水挑战和对未来发展的共同愿景，成为澜湄水资源合作的战略基础，也为推进水资源领域务实合作指明方向。

澜湄合作机制成立以来，六国水资源管理部门积极行动，在"领导人引领、全方位覆盖、各部门参与"的架构下，按照"政府引导、多方参与、项目为本"的模式运作，大力推动水资源领域的务实合作项目。以澜湄合作专项资金为主要支持，六国积极推动在大坝安全、饮水安全、生态安全、洪旱灾害管理等方面的务实合作，并取得了显著进展，助力提升湄公河国家水治理能力，为保障澜湄区域水安全做出积极的贡献。中方相关单位积极分享我国治水先进理念与成功经验，并结合各国国情，将中国新时代治水思路和治水经验"澜湄化"，持续为澜湄国家提升水治理水平贡献"中国智慧"和"中国方案"，促进各国水利事业发展，更好地惠及澜湄沿岸各国人民。

本书主要梳理并总结了以中方为主在澜湄区域实施的水资源领域务实合作项目成果和实施经验，以期为应对澜湄区域水资源开发、利用和管理面临的挑战提供借鉴。全书共7章，第1章为概述，简要介绍了澜湄水资源合作概况和区域水资源发展现状，面临的机遇和挑战；第2章至第6章分别总结了澜湄区域水生态区划、小流域综合治理、澜湄甘泉行动、澜湄大坝健康体检、防洪抗旱应急管理合作平台研发等务实合作项目成果经验；第7章提出了澜湄水资源合作科学实践建议。

本书第1章由张汶海、程东升执笔；第2章由赵娜、张道熙执笔；第3章由向大享、赵静、吴仪邦、姜莹执笔；第4章由贾燕南、徐楠楠、栾晓执笔；第5章由向衍、王亚坤执笔；第6章由乔延军、刘达、张汶海执笔；第7章由张汶海、周智伟执笔。全书由周智伟统稿。

本书的出版对进一步深化开展与湄公河流域五国在水资源领域的务实合作具有一定的参考价值和借鉴意义。

本书的编写和出版，得到了水利部国科司、长江委的领导、专家和水利同仁大力支持与指导，在此致以诚挚的谢意。

本书资料主要来源于近年来出版的文献和书籍，以及澜湄水资源务实合作项目牵头单位在项目实践中的思考。由于编者水平有限，错误和疏漏在所难免，恳请读者批评指正。

编者
2024年3月

目录

CONTENTS

第1章 概述 ··· 1

  1.1 流域概况 ··· 1

    1.1.1 地形地貌 ·· 1

    1.1.2 河流水系 ·· 1

    1.1.3 气候条件 ·· 2

    1.1.4 洪旱灾害 ·· 2

    1.1.5 流域水资源 ·· 2

    1.1.6 社会文化 ·· 3

    1.1.7 经济发展 ·· 3

  1.2 澜湄合作机制 ··· 4

    1.2.1 发展历程 ·· 4

    1.2.2 机制建设 ·· 4

    1.2.3 发展趋势 ·· 5

  1.3 澜湄水资源合作 ·· 6

    1.3.1 合作意义 ·· 6

    1.3.2 合作目的 ·· 6

    1.3.3 合作方式 ·· 6

    1.3.4 合作进展情况 ·· 7

  1.4 澜湄流域水资源开发利用情况及合作需求 ··· 9

    1.4.1 澜湄流域水资源开发利用情况 ·· 9

    1.4.2 澜湄区域水资源开发利益关切及合作需求 ··································· 11

    1.4.3 水资源领域合作关注重点问题 ·· 12

第2章 澜湄国家典型洪旱区域水生态分区及沿岸带侵蚀变化研究 ············· 15

  2.1 水生态分区简介 ·· 15

    2.1.1 水生态分区发展概况 ··· 15

2.1.2　典型区域特征及水生态分区研究目的 ……………………………… 15
　2.2　分区指导原则 ………………………………………………………………… 16
　2.3　分区体系建立 ………………………………………………………………… 17
　　2.3.1　分区指标选择 ………………………………………………………… 17
　　2.3.2　分区指标体系和数据来源 …………………………………………… 18
　　2.3.3　分区数据处理及命名 ………………………………………………… 19
　2.4　技术路线 ……………………………………………………………………… 19
　2.5　水生态分区结果 ……………………………………………………………… 20
　　2.5.1　一级分区结果及合理性评价 ………………………………………… 20
　　2.5.2　二级分区结果及合理性评价 ………………………………………… 21
　　2.5.3　旱、雨季沿岸带土地利用变化 ……………………………………… 22
　　2.5.4　旱、雨季沿岸带土壤侵蚀变化 ……………………………………… 23
　2.6　区域水生态保护措施 ………………………………………………………… 24

第3章　澜湄国家典型小流域综合治理示范 ……………………………………… 27
　3.1　小流域综合治理概述 ………………………………………………………… 27
　　3.1.1　小流域综合治理的基本概念 ………………………………………… 27
　　3.1.2　小流域综合治理的根本目标 ………………………………………… 28
　　3.1.3　小流域综合治理的原则思路 ………………………………………… 30
　　3.1.4　小流域综合治理方法 ………………………………………………… 33
　3.2　小流域综合治理中国经验 …………………………………………………… 33
　　3.2.1　小流域综合治理发展现状 …………………………………………… 33
　　3.2.2　小流域综合治理常见工程措施 ……………………………………… 35
　　3.2.3　小流域综合治理典型案例 …………………………………………… 36
　3.3　澜湄国家典型小流域综合治理示范 ………………………………………… 42
　　3.3.1　阳鄂村小流域综合治理示范 ………………………………………… 42
　　3.3.2　红杉村小流域综合治理示范 ………………………………………… 53

第4章　澜湄甘泉行动示范 ………………………………………………………… 82
　4.1　饮水安全在国际社会的关注 ………………………………………………… 82
　　4.1.1　联合国可持续发展目标6重点概述 ………………………………… 82
　　4.1.2　国际水行动十年，加快推进饮水安全目标 ………………………… 84
　　4.1.3　世界卫生组织推进饮水安全 ………………………………………… 84
　4.2　保障农村饮水安全的中国经验 ……………………………………………… 85

4.2.1	水源工程建设与水质保障	85
4.2.2	工程投融资管理模式	88
4.2.3	社会化服务体系	89
4.2.4	法制及政策保障体系	91
4.2.5	技术保障体系	94
4.2.6	应急保障体系	95

4.3 澜湄国家农村饮水安全现状需求 … 96
    4.3.1 澜湄国家农村供水基本情况 … 97
    4.3.2 澜湄国家农村供水所面临的问题 … 98
    4.3.3 实施"澜湄甘泉"行动的必要性和意义 … 105

4.4 澜湄国家农村供水安全保障技术示范 … 107
    4.4.1 小型集中式供水工程示范 … 107
    4.4.2 分散式供水工程示范 … 112
    4.4.3 澜湄国家农村供水安全交流与宣传 … 116

第5章 "澜湄大坝健康体检"行动计划 … 122

5.1 国际大坝安全经验 … 122
    5.1.1 世界银行 … 122
    5.1.2 加拿大 … 122
    5.1.3 瑞士 … 123
    5.1.4 美国 … 124
    5.1.5 国际大坝委员会 … 124

5.2 大坝安全的中国实践 … 125

5.3 澜湄国家大坝建设及安全现状 … 129
    5.3.1 澜湄国家水电站基本信息 … 129
    5.3.2 澜湄各国大坝安全管理现状 … 130

5.4 澜湄大坝健康体检实践 … 138
    5.4.1 健康体检智能支持云平台研发 … 138
    5.4.2 中国大坝安全法规及技术标准分享 … 139
    5.4.3 道耶坎二级水电站大坝工程健康体检 … 140
    5.4.4 伊江上游水电项目施工电源电站大坝健康体检 … 142
    5.4.5 缅甸瑞丽江一级水电站大坝健康体检 … 144

第6章　澜湄地区防洪抗旱应急管理合作平台研发 ... 147
6.1　澜湄流域水文模型开发 ... 147
6.1.1　水文模型介绍 ... 147
6.1.2　水文模型构建 ... 147
6.1.3　模型结果验证 ... 149
6.2　湄公河国家防洪抗旱数据库构建 ... 157
6.2.1　数据库构建原则 ... 157
6.2.2　数据库设计 ... 159
6.2.3　信息采集及处理入库 ... 162
6.3　防洪抗旱平台构建 ... 167
6.3.1　平台总体设计 ... 167
6.3.2　防洪抗旱数据的整合与共享 ... 175
6.3.3　综合服务系统开发 ... 182
6.3.4　洪旱预警预报系统开发 ... 186

第7章　澜湄水资源合作科学实践展望 ... 189
7.1　澜湄水资源合作科学实践经验启示 ... 189
7.1.1　水生态区划分 ... 189
7.1.2　小流域综合治理 ... 190
7.1.3　农村安全供水 ... 190
7.1.4　大坝健康体检 ... 190
7.1.5　防洪抗旱应急管理平台 ... 191
7.2　澜湄水资源科学实践前景展望 ... 191

第1章 概 述

CHAPTER 1

1.1 流域概况

1.1.1 地形地貌

澜沧江—湄公河(简称澜湄)是一条纵跨中国、缅甸、老挝、泰国、柬埔寨、越南的国际河流。澜湄流域涵盖了寒温带、温带、亚热带和热带等多种气候类型,以及雪山冰川、高寒山区、高原草甸、深山峡谷、浅山丘陵、冲积平原和河口三角洲等多种地貌地形。

在中国境内,中上游穿行在横断山脉之间,形成深切河道,两岸高山对峙,坡陡险峻,形成V形山谷,河流主要流经山地海拔范围在3500～5000m,河谷海拔均高于2000m。从中、缅、老边界到老挝的万象河段,流经地区大部分海拔200～1500m,地形起伏较大,河道弯曲,河谷狭窄,河床坡降较陡,多急流和浅滩;万象到巴色河段,流经呵叻高原和富良山脉的山脚丘陵,大部分地区海拔100～200m,地形起伏不大;巴色到柬埔寨的金边河段,流经地区为略微起伏的准平原,海拔不到100m,河床宽阔;金边以下到河口为三角洲河段,平均海拔不足2m,地势低平,水网密集。

1.1.2 河流水系

澜湄是东南亚重要的国际河流,发源于中国青海省唐古拉山,流经西藏自治区,由云南省南部西双版纳傣族自治州出境,经缅甸、老挝、泰国、柬埔寨、越南等五个国家,于越南胡志明市附近注入南中国海。其在中国境内段称为澜沧江,境外段称为湄公河,干流全长4880km。其中,在中国境内2130km(云南境内1237km),老挝境内777km,柬埔寨境内502km,越南境内230km;中、缅界河31km,老、缅界河234km,老、泰界河976km。流域总面积79.5万 km^2,其中,中国16.5万 km^2,柬埔寨15.5万 km^2,老挝20.2万 km^2,缅甸2.4万 km^2,泰国18.4万 km^2,越南6.5万 km^2。

1.1.3　气候条件

澜沧江—湄公河流域的高大、南北向山脉制约水系与河谷的发育,形成主要降水天气系统。由于西南季风的暖湿气流抬升、降温、降压,产生大量降水,西南季风和地形成为影响流域地表径流空间分配的两大关键因素。流域两侧南北向、近似南北向的高大分水岭,左岸迎风坡为降雨、径流高值区,右岸背风坡为低值区。在流域内,一些高耸但不庞大的山脉却成为降水、径流的高值区,而庞大的隆起状地形则成为低值区。在清盛以上河段,多高山峡谷,由于河谷深切,高差悬殊,水汽难以进入,成为降水、径流的低值区。

流域主要气候类型包括高原山地气候、亚热带季风气候和热带季风气候三种。源头区域为高原山地气候,常年积雪覆盖。澜沧江下游云南河段位于亚热带季风区,年降水量一般高于1000mm。下游湄公河段处于热带季风区,受西南季风影响,降水时空分布不均,雨季和旱季降水量差异明显,雨季降水量占全年的85%~90%,在空间分布上,该区域降水量呈现东西向梯度效应,泰国东北部降水量仅有1000mm,西南沿岸山区高达4000mm。澜湄流域多年平均温度维持在−4.0℃~6.0℃,上游河源维持在0℃以下,下游云南河段年平均气温为10.0℃左右,下湄公河流域年均气温在25℃以上。流域相对湿度变化范围为50%~98%。

1.1.4　洪旱灾害

由于流域纬度跨越幅度大、地形和降水多变等自然原因,澜湄流域洪水灾害频发。流域上游高山峡谷地形落差大、水流急;中下游地区属于热带季风气候,降水充沛;同时受到来自印度洋的西南季风和来自大陆的东北季风控制,流域内的降水时空分布极其不均,雨季(5—10月)降水集中,降水量占全年的80%以上。据国际灾害数据库EM-DAT统计,1985年至今,澜湄流域共发生200余次洪水,共造成3000余人死亡,其中越南受灾最为严重,遭遇了百余次洪水灾害。

除自然因素外,由于国际河流洪水灾害常影响多个国家,政府相应的减灾政策和实施途径都受到国家界限的限制,往往只能在受灾的各个国家内部实施,很难在有效区域防洪联动机制下协调多个国家共同应对洪水;加之域内缺乏水利基础设施投入、国家防洪减灾意识经验薄弱等,增加了该区域洪水灾害治理的困难,使得洪水灾害很有可能带来更大的损失。

1.1.5　流域水资源

澜沧江在中国境内水能资源可开发量约为3000万kW,但资源开发利用率仅为8.7%。其中云南省境内共规划14个梯级电站,总装机容量为2580万kW,约占86%,相当于1.4个三峡电站,多年平均发电量为1189亿kW·h,因此澜沧江水电开发在云南乃至全国的能源开发中均占有举足轻重的位置。目前,澜沧江段干流已建成里底、黄登、大华桥、苗尾、功果桥、小湾、漫湾、大朝山、糯扎渡、景洪两库十级电站,总装机1937.5万kW(里底投产一台机组,黄登、大华桥各投产三台机组)。

湄公河可开发装机容量约为3500万kW,水电蕴藏量51%集中于老挝境内,33%集中于柬埔寨,但98%的能源需求又集中于泰国和越南。虽然水电开发规划较早(20世纪50年代),但因受制于历史、技术、资金、地区局势以及环保组织反对等因素,实际开发阻力很大。湄公河干流梯级规划拟定采用11级开发方案,其中老挝境内有9座,从上游至下游分别为北本、琅勃拉邦、沙耶武里、巴莱、萨拉康、巴蒙、班库、拉苏和栋沙宏,另外2座位于柬埔寨的上丁和松博。其中,沙耶武里(1285MW)和栋沙宏(260MW)水电站已于2019年陆续投产。

1.1.6 社会文化

截至2018年底,澜沧江—湄公河流域总计人口约2.97亿人,其中澜沧江地区占19.5%,湄公河国家占80.5%。缅甸、越南、泰国以及中国云南人口分布密集,合计占流域总人口的89.5%。其中越南人口9467万,占比31.9%,人口密度平均为314人/km^2。与之相比,青海、西藏、老挝等地区人口较少,合计仅占流域总人口的5.5%。另外,缅甸5338.8万人中,15~59岁的青壮年约占62.5%,劳动力资源极为丰富;柬埔寨人口约1480万,但人口的地理分布很不平衡,居民主要集中在中部平原地区。

澜沧江—湄公河流域的国家和地区,呈现"多民族、多宗教"的特点。云南、青海是多民族聚居的省份,宗教历史悠久,信教群众广泛,其中藏传佛教和伊斯兰教在青海的信教群众中有着广泛深刻的影响。在湄公河流域,缅甸是民族最多的国家,共有135个民族,包含100多种民族语言,缅甸国内不同宗教享有平等发展的权利,其中信仰佛教人数占85%以上。老挝、越南、泰国以及柬埔寨也是多民族国家,且佛教在这些国家中同样占主导地位。比如在泰国,佛教作为国教,是泰国宗教和文化的重要组成部分,对当地政治、经济、社会生活和文化艺术等领域有重大影响。

1.1.7 经济发展

澜沧江—湄公河地区的三大产业中,农业是湄公河国家国民经济的基础,具有举足轻重的地位。2018年,湄公河五国农业产值占GDP比重均超过10%(澜沧江地区只有云南达到10%)。缅甸和柬埔寨将农业作为优先发展的重点产业(柬埔寨农业资源丰富,自然条件优越;缅甸乡村人口约占总人口的70%),2018年,两国的农业产值占GDP比重均达到20%以上。泰国由于其耕地面积约占国土总面积的31%,农业成为其支柱产业。对于工业发展,各地区相对均衡,但侧重领域不同。如缅甸和柬埔寨以纺织制农业为代表,老挝政府重点扶持采矿业,泰国则是东盟最大的机动车生产地。服务业是推动澜湄地区发展的重要因素,中国青海、西藏和云南等地的服务业产值占GDP比重均接近50%;湄公河国家中,老挝国内正推动服务业各领域发展,而泰国由于其旅游资源丰富,服务业产值占GDP比重超过50%(2017年为55.6%),为流域地区最高。

澜沧江青海、西藏、云南等地,经济发展坚持以民生为中心的发展思想,注重补齐短板,以供给侧结构性改革为主线,聚焦"七大产业",推动经济高质量发展。

湄公河国家中,老挝努力推动经济增长,预计2025年GDP较2015年增长4倍,年增长率至少为7.5%;缅甸制定可持续发展规划,重点发展农业、电力、交通基础设施、金融、教育、医疗、水处理等;越南将能源、电力、交通运输、煤炭、纺织工业、汽车等作为重点产业,并与中国加强电子商务合作;泰国将国家投资政策向核心技术、人才、基础设施、企业和目标产业五大领域倾斜;柬埔寨不断推进"2015—2025工业发展计划",并将金融作为主要优先领域之一。

1.2 澜湄合作机制

澜沧江—湄公河合作(以下简称"澜湄合作")是中国与柬埔寨、老挝、缅甸、泰国、越南共同发起和建设的新型次区域合作机制,旨在深化澜湄六国睦邻友好和务实合作,促进沿岸各国经济社会发展,打造澜湄流域经济发展带,建设澜湄国家命运共同体,助力东盟共同体建设和地区一体化进程,为推进南南合作和落实联合国2030年可持续发展议程作出贡献,共同维护和促进地区持续和平和发展繁荣。

1.2.1 发展历程

2014年11月,李克强总理在第17次中国—东盟领导人会议上首次提议建立"澜湄合作"机制,获得泰国、缅甸、越南、老挝、柬埔寨五国积极响应。2016年3月,澜湄合作首次领导人会议在海南三亚举行,会后六国发表了《三亚宣言》,标志着澜湄合作机制正式启动。2018年1月,澜湄合作第二次领导人会议在柬埔寨金边举行,标志澜湄合作从培育期迈向成长期。2020年8月,澜湄合作第三次领导人会议以视频方式成功举行,推动澜湄合作进入全面发展期。

1.2.2 机制建设

1.2.2.1 政治引领推动合作机制升级

2016年3月,澜沧江—湄公河合作首次领导人会议创建了澜湄合作机制框架,通过了合作概念文件,确定了政治安全、经济和可持续发展、社会人文三大支柱,以及互联互通、产能、跨境经济、水资源、农业和减贫五个优先合作方向,确立了"3+5合作框架",实施了许多惠及民生的项目,为全面长期合作奠定了坚实基础。2018年,各方将合作领域拓展至海关、卫生、青年等领域,进一步形成了"3+5+X合作框架"。

六国共同建立领导人会议、外长会、高官会、联合工作组会等机制,形成了多层次、宽领域的合作架构。截至2022年12月,已举行3次领导人会议、7次外长会、6次高官会和6次外交工作组会。

六国成立了澜湄合作国家秘书处/协调机构和各个优先领域联合工作组,澜湄水资源合作中心、环境合作中心、职业教育培训中心、全球湄公河研究中心、农业合作中心和青年交流合作中心等六大中心也相继建立。

1.2.2.2　发展导向推动合作进入新发展阶段

澜湄6国都属于发展中国家,发展是共同的使命与追求。澜湄合作围绕发展,形成了"发展为先、务实高效、项目为本"的澜湄模式。

为支持澜湄地区基础设施建设和产能合作项目,中国主动为澜湄合作提供各种形式的融资,在2016年,中方宣布了提供100亿元人民币优惠贷款和100亿美元信贷额度,并设立澜湄合作专项基金,在5年内提供3亿美元支持六国提出的中小型合作项目。通过务实合作项目,契合成员国切身需求,支撑以民生发展为主线的成果落地,深化睦邻友好和务实合作,积极构建澜湄流域经济发展带,持续建设澜湄国家命运共同体,共同促进流域各国疫后经济复苏和区域繁荣振兴,为建设更高水平的中国—东盟战略伙伴关系发挥积极作用,为促进南南合作和落实联合国2030年可持续发展议程作出更大贡献。

1.2.2.3　以广泛共识夯实合作基础

澜湄合作通过举办广泛多样的活动,及时总结和回顾澜湄合作进展,分享有益经验,畅享未来合作重点。活动多涉及澜湄合作机制建设、合作动态、民间交往等方方面面,同时围绕领导人会、外长会、高官会、各合作领域工作会议,以澜湄周、圆桌研讨会、论坛等多种形式,聚焦时事热点及各领域工作特色专题,旨在讲好"澜湄故事",传递澜湄友情,弘扬澜湄文化,推进澜湄事业。

1.2.3　发展趋势

澜湄合作机制自启动以来,展现了勃勃生机,收获了累累硕果,为地区发展注入了源源不断的活力,给各国人民带来了实实在在的好处。澜湄六国共同推动水资源机制性合作,共建澜湄水资源合作信息共享平台,提升流域综合治理和水资源管理能力。澜湄六国共同深化经贸合作,推动共建"一带一路"、国际陆海贸易新通道等同各国发展战略更好对接,维护产业链供应链稳定,加大对流域国家投入,推动澜湄协同发展。澜湄六国共同坚持以人为本,加强社会民生、公共卫生、人文交流等领域合作,增进流域人民福祉,促进民心相通。

1.3 澜湄水资源合作

1.3.1 合作意义

水资源是澜湄合作机制成员国人民赖以生存的重要自然资源和宝贵财富。水资源可持续利用对支撑经济社会可持续发展,维护区域生态安全,推进联合国 2030 年可持续发展议程至关重要。当前,各成员国都处于经济社会快速发展阶段,工业化和城镇化对水资源的需求日益增长。同时,六国还共同面临洪旱灾害频发、局部地区水生态系统受损、水污染加重以及气候变化带来的不确定性等挑战,不同程度地存在水利基础设施建设滞后、水治理能力有待提高等问题。各成员国面临的涉水挑战和对未来发展的共同愿景成为澜湄水资源合作的战略基础,也为推进水资源领域务实合作指明了方向。

1.3.2 合作目的

澜湄水资源合作的总体目标是通过水资源可持续利用、管理和保护,来促进各成员国经济社会可持续发展并造福人民。

具体目标包括四个方面:

加强国际水资源交流与合作。加强水资源领域高级别代表团和技术层面的互访,加强水资源政策对话、信息交流、技术合作,发展伙伴关系网络,促进经验分享与协同增效,共同建设澜湄水资源合作中心。

提升水资源管理能力。推进水资源综合管理,完善水资源领域的技术规划、标准,发展相关科学技术,加强机构能力建设,共同应对区域洪旱灾害等水资源问题与挑战,促进水资源可持续利用。

促进水利基础设施建设。加强水利产能合作,鼓励各成员国企业共同参与水利基础设施建设,进一步完善水利基础设施,支撑经济社会可持续发展。

推动涉水民生发展。促进公众参与,加强宣传与舆论引导以及与利益相关方的合作,提高公众和利益相关方对水资源挑战和澜湄水资源合作的认识,注重解决公众关心的涉水生计与发展问题,使民众特别是弱势群体获益。

1.3.3 合作方式

澜湄水资源合作方式包括政策对话、联合研究、能力建设和联合项目。

1.3.3.1 政策对话

通过高级别互访、交流研讨、举办论坛和会议等形式,开展政府间政策对话,同时欢迎各成员国与其他中央涉水部门和地方政府等相关方面参与政策对话。

1.3.3.2 联合研究

鼓励各成员国科研院所、高等学校、智库和社会组织等,通过信息交流、规划制定、调查研究、技术研发等形式开展联合研究。

1.3.3.3 能力建设

成员国通过完善相关体制机制,发展相关科学与创新技术,开展知识共享,加强能力建设。

1.3.3.4 联合项目

六国鼓励两个或以上的成员国共同提出有利于实现共赢,可以产生显著的社会、经济、环境效益,起到良好示范作用的联合项目。

1.3.4 合作进展情况

1.3.4.1 合作机制日渐成熟

根据 2016 年 12 月在柬埔寨暹粒举行的澜湄合作第二次外长会通过的《澜湄合作优先领域联合工作组筹建总体原则》,澜湄六国成立了联合工作组,由来自各成员国水利主管部门、外交部和其他相关机构的代表组成。联合工作组负责就行动计划的实施进行联络、协商、决策,规划和督促实施本行动计划下的合作项目和活动,并就合作事宜开展与各自国内相关部门的沟通。2017 年 2 月在北京召开了联合工作组第一次会议。至 2022 年 12 月底,工作组分别在中国、老挝、泰国和越南等国以线下方式召开 3 次年度会议和 12 次特别会议中的 5 次。新冠疫情发生以来,工作组以线上方式召开 7 次特别会议,很好地保持了澜湄水资源合作蓬勃发展的动力。

2017 年 6 月,澜湄水资源合作中心根据澜湄合作首次领导人会议发布的《三亚宣言》正式成立,是澜湄国家加强技术交流、能力建设、旱涝灾害管理、信息交流、联合研究等综合合作的平台。

2018 年 11 月和 2021 年 12 月,澜湄六国先后召开了第一、二届澜湄水资源合作论坛,与会代表以坦诚、友好的方式分享了各国面临的水资源挑战,交流了澜湄国家和国际社会在水资源管理方面的方法、技术和经验。

2018—2022 年,澜湄六国以落实《澜湄水资源合作五年行动计划(2018—2022)》为主线,共同推进澜湄水资源合作发展。目前,澜湄六国已经完成了《澜湄水资源合作五年行动计划(2018—2022)》实施评估,并制定了《澜湄水资源合作五年行动计划(2023—2027)》。

2019 年 12 月 17 日,应中国水利部提议,首届澜湄水资源合作部长级会议在中国北京召开。本次会议的召开标志着澜湄水资源合作机制的进一步完善,即建立了澜湄水资源合作部长级会议对话决策、澜湄水资源合作联合工作组组织落实、澜湄水资源合作论坛技术交流、澜湄周宣传平台和澜湄水资源合作中心综合支撑的水资源合作机制(图1.1)。

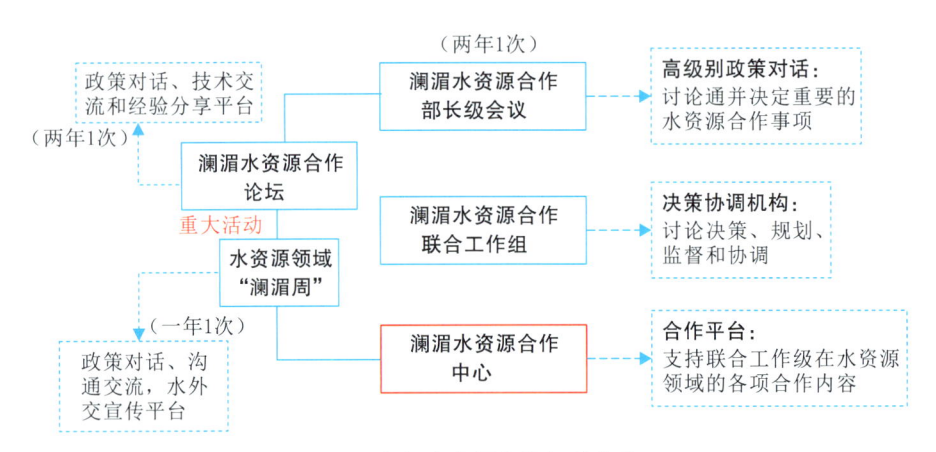

图 1.1 澜湄水资源合作机制建设

1.3.4.2 信息共享不断深化

为帮助流域各国防灾减灾,2002年中国水利部与湄委会秘书处签署报汛协议,自2003年起由云南省水文水资源局每年向湄委会无偿提供澜沧江允景洪、曼安2个水文站汛期水文信息。此后多次续签了报汛协议。在此基础上,根据签订的谅解备忘录,自2020年11月1日起向湄委会和湄公河国家无偿分享澜沧江允景洪、曼安2个水文站全年水文信息。

当遇到景洪电站出库流量及库区水位变幅较大、梯级电站开闸泄洪前、电站检修或故障等原因导致下泄流量出现较大变化时,中方履行相关程序后及时向湄公河国家和湄委会提前通报上游流量变化信息,为湄公河下游防汛抗旱减灾工作发挥了重要作用。在2016年和2019年流域旱情期间,在尽最大努力保障澜沧江合理下泄流量的同时,还应下游国家请求实施应急补水,对帮助湄公河国家应对旱情起到了积极有效的作用。

2020年8月,在澜湄合作第三次领导人会上,六国领导人决定共建澜湄水资源合作信息共享平台,以加强成员国之间涉水数据、信息、知识、经验和技术的共享,促进水资源可持续管理和利用,共同应对区域洪旱灾害等挑战。在2020年9月24日举行的澜湄水资源合作联合工作组2020年第二次特别(视频)会议上,六国共同签署了"关于建设澜湄水资源合作信息共享平台"的意向书。目前,已成立由六国政府官员、专家和澜湄水资源合作中心代表组成的平台建设推进小组,小组将为平台设计、建设和运行提供技术支持。平台小组将与湄公河委员会秘书处及其他国际合作伙伴密切合作,为平台建设提供技术支持。

2020年11月,澜湄水资源合作信息共享平台网站开通,及时共享澜湄水资源合作相关信息。

1.3.4.3　能力建设和技术交流持续开展

过去 7 年,六国共有 1000 多人次参加了 50 余次水资源领域技术交流与培训。

2017 年开始,澜湄水资源合作中心和河海大学共同实施"澜湄合作"水资源高层次人才计划。过去几年,共全额资助湄公河国家 162 名硕士研究生在中国河海大学学习。今后每年还将资助 30 名留学生来华攻读水利相关硕士课程。

1.3.4.4　务实合作项目成效显著

自澜湄合作机制成立以来,中国政府澜湄合作专项基金在水资源领域投入了人民币 3 亿多元,开展了将近 50 多个务实合作项目,内容涉及气候变化下洪旱灾害管理、信息共享、农村供水安全、大坝安全管理、小流域综合治理、水利产能合作、节水灌溉、水利水电技术标准等领域,为湄公河相关国家建立了水资源信息中心,建立了 50 余座水文站点,开展了 30 余处农村饮水安全的示范项目等。上述项目的实施促进了澜湄国家官方及非官方多渠道的技术交流与合作,将国内已有的优势技术和管理体系在澜沧江—湄公河进行推广,对推进落实澜湄合作水资源领域的目标要求发挥了积极作用,有力支撑了澜湄合作机制和周边外交大局。

1.3.4.5　公共参与和宣传活动

过去 7 年,在外交部、水利部指导下,在中方相关单位配合下,澜湄水资源合作中心持续开展澜湄周活动,起到了展示澜湄水资源合作进展与成果、增进理解与互信的作用。组织中外媒体开展了"感知澜沧江,共话澜湄情"的采风活动。

2021 年和 2023 年,南京水利水电科学研究院组织开展了两届大坝安全科普宣讲大赛,增强了公众对水库大坝的科学认知,促进科技成果共享。我们制作了绘本《你好,大坝》,以卡通形式系统展现了与大坝有关的知识。

中国水利水电科学研究院、长江科学院、澜湄水资源合作中心等单位制作并在相关社区、学校发放了柬、老、泰语版本的水科学知识读本。在澜湄甘泉行动—澜湄国家农村供水安全保障技术示范、澜湄国家小流域综合治理示范等项目实施过程中,项目实施单位开展了社区调查、公众参与等活动,提高公众对澜湄水资源合作领域有关联合项目和行动的参与度。

1.4　澜湄流域水资源开发利用情况及合作需求

1.4.1　澜湄流域水资源开发利用情况

1.4.1.1　澜沧江水资源开发情况

除景洪市有少量供水外,澜沧江沿岸基本无灌溉供水需求。我国对澜沧江流域水资源的利用主要集中在水电开发和航道运输。澜沧江水能资源可开发量约为 3000 万 kW,其中云南省境内共规划 15 个梯级电站(总装机 2580 万 kW)。至 2022 年年底,澜沧江干流已建成乌弄龙、里底、黄登、大华桥、苗尾、功果桥、小湾、漫湾、大朝山、糯扎渡、景洪十一级电站，总库容 446.16 亿 m³，总调节库容 230.70 亿 m³，总装机达到 2135 万 kW，年发电能力约 960 亿 kW·h。

1.4.1.2 缅甸

缅甸面积约 67.85 万 km²，其中位于湄公河流域的国土面积 2.4 万 km²，占国土面积的 3.5%。缅甸国内河流密布，主要河流有伊洛瓦底江、萨尔温江、钦敦江和湄公河，支流遍布全国。缅甸水资源总量为 11336 亿 m³（不包括 1650 亿 m³ 过境水），其中地表水资源量为 10818.85 亿 m³，地下水资源量 4947.15 亿 m³（其中 4430 亿 m³ 与地表水重复计算），人均水资源占有量为 2.14 万 m³。缅甸年总供水量为 332 亿 m³，其中 91% 来自地表水，9% 来自地下水。

1.4.1.3 老挝

老挝国土面积 23.68 万 km²，85.3% 的国土位于湄公河流域，湄公河有 12 个主要支流完全或主要位于老挝境内，对澜沧江—湄公河径流量的贡献最大，在湄公河五国中水能资源最丰富，目前水资源开发利用程度却很低。老挝降雨量丰沛，全国水资源总量 1904.2 亿 m³（不包括 1431.3 亿 m³ 过境水），老挝人均水资源占有量约为 2.8 万 m³。老挝年供水量为 57 亿 m³，82% 用于农业，10% 用于工业，生活用水约占 8%。

1.4.1.4 泰国

泰国国土面积 51 万 km²，其中位于湄公河流域内面积为 18.4 万 km²，占国土面积的 35.8%。泰国水资源总量为 2240.2 亿 m³（不包括 2146 亿 m³ 过境水），人均水资源占有量为 3245m³。泰国年需水量为 1517.5 亿 m³，其中农业用水占 75%，生态用水占 18%，生活用水占 4%，工业用水占 3%。但是泰国目前供水能力不足，每年只能提供 1121.4 亿 m³ 的水，其中地表水可提供 971.43 亿 m³，地下水可提供 149.98 亿 m³。

1.1.1.5 柬埔寨

柬埔寨国土面积 18 万 km²，其中位于湄公河流域内总面积 15.5 万 km²，占国土面积的 85.6%。柬埔寨主要河流有湄公河、洞里萨河等，还有东南亚最大的洞里萨湖。柬埔寨多年平均水资源总量为 1324 亿 m³（不包括 3437.1 亿 m³ 过境水）。其中，地表水资源量为 1288 亿 m³，地下水资源量为 416 亿 m³（其中 380 亿 m³ 与地表水重复计算），柬埔寨人均水资源占有量为 8826m³。全国年用水量为 109.12 亿 m³，其中工业用水占 1.5%，农业用水占 94%，生活用水占 4.5%。

1.1.1.6 越南

越南国土面积约 33 万 km²，位于湄公河流域内的面积 6.5 万 km²，占国土面积 19.7%。越南水资源总量为 3584 亿 m³（不包括 5130 亿 m³ 过境水），其中地表水资源量约为

3220亿 m³,地下水资源量约为 714 亿 m³(其中 350 亿 m³ 与地表水重复计算),人均水资源占有量约 3560m³。越南年供水量为 1210 亿 m³,其中农业用水占 81%,工业用水占 16%,生活用水占 3%。

1.4.2 澜湄区域水资源开发利益关切及合作需求

表 1.1　　　　　澜沧江—湄公河流域主要国家对水资源开发的利益关切

国家	水资源开发利益关切
中国	开发澜沧江干流水电资源,以满足国内经济发展的需求; 航运发展需求,创造条件使通航到达金边及其以下的地区,通航后有利于发展贸易和旅游业
老挝	开发水电资源,以满足国内经济发展的需求,并向泰国等国家售电; 打通澜沧江—湄公河国际航道和改善内陆交通,以摆脱目前边贸依赖越南的岘港(占 1/3)和曼谷(占 2/3)进出口而被垄断的被动局面; 减轻洪涝灾害并提高灌溉能力; 加强大坝建设、运行管理等方面的合作,以应对较高的大坝安全风险; 加强农村基础设施建设,保障饮水安全
泰国	取用湄公河水资源满足其东北部的灌溉和生活需水,并解决汛期的排涝问题; 打通澜沧江—湄公河国际航运以促进(与中国的)边贸和旅游业发展; 加强水利基础设施建设,应对严重洪旱灾害问题; 加强农村基础设施建设,保障饮水安全
柬埔寨	三角洲地区的灌溉; 洞里萨湖的渔业生产; 洞里萨湖的水量平衡与生态问题; 未来干流的电力开发; 加强农村基础设施建设,保障饮水安全
越南	湄公河三角洲耕地上汛期的洪涝、酸性水侵害、枯季灌溉及咸水(海水)入侵等灾害的治理,促进农业的丰产丰收; 开发湄公河(主要是支流)的水能以满足其中部和南部的电力需求; 在大坝建设、运行管理等方面加强合作,以应对较高的大坝安全风险; 加强农村基础设施建设,保障饮水安全
缅甸	未来的水电开发; 加强水利基础设施建设,应对严重洪旱灾害问题; 在大坝建设、运行管理等方面加强合作,应对较高的大坝安全风险; 加强农村基础设施建设,保障饮水安全

1.4.3 水资源领域合作关注重点问题

1.4.3.1 典型洪旱区域水生态保护

澜沧江—湄公河流域是世界上生物多样性最丰富的地区之一,仅次于亚马孙河流域。根据调查,其生物群落组成包括20000种植物、430种哺乳动物、1200种鸟类、800种爬行动物和两栖动物、850种淡水鱼(不包括咸淡水类的广盐性物种),鱼类物种包括鲤形目377种和鲇形目92种。该流域拥有世界规模最大、生产力最高的内陆渔业之一。每年有200万t鱼类捕捞量,另外,还有将近50万t的其他渔获物,人工养殖每年产量约为200万t。

然而,由于厄尔尼诺现象加剧,全球气候变暖明显,印度洋暖湿气流减少,造成澜湄流域气候变迁,流域生态环境产生连锁反应。流域陆生植被减少,河流径流量减少,极端洪旱灾害频繁,近几年来,流域人口增多,人类活动增加,澜湄流域的生物多样性遭到了掠夺式的开发,再加上人类活动的破坏,澜湄流域生态系统中生物资源——包括森林资源、渔业资源、湿地资源、水资源均有不同程度的退化,流域内物种和种群大量减少,生物多样性下降。流域生态保护已然成为该流域经济健康发展和生态环境可持续发展不容忽视的一个问题。

澜湄流域生态环境改善刻不容缓,它不仅关系到沿岸居民的福祉,还关系到流域各国的经济可持续发展。近年来,从整个生态系统的角度对研究和管理自然资源与环境的重要性进行思考,把包括柬埔寨、越南、老挝、缅甸、泰国和中国云南等在内的区域作为一个有机整体,倡导构建"大湄公河次区域生物多样性保护圈",通过深化国与国之间的合作,统筹开展生态建设和环境保护的思路已受到重点关注。

1.4.3.2 小流域水土流失与农业发展

澜沧江上人类活动较少,土壤侵蚀程度较低,而澜湄流域下游河段,特别是老挝南部、柬埔寨、越南湄公河三角洲河段所涉及的流域区域,地势平坦,土地肥沃,农业开发适宜,矿产资源丰富,成为下游沿岸国家重要的粮食产区。近年来,随着人类活动加剧,湄公河地表土层流失,岩石裸露,底层结构发生变化而失去原来的稳定性,形成水土流失现象,给当地居民生产和生活带来了严重的影响。一方面,在农业生产中,水土流失引发的泥石流和山体滑坡等灾害会冲毁农田;另一方面,水土流失后,土壤中大量养分流失,耕地生产力下降,影响农作物产量。另外,水土流失形成的灾害使大量泥沙进入湄公河干支流河道,淤积河道,抬高河床,给流域周边的农村灌溉基础设施造成一定的安全隐患,增加了流域洪涝灾害风险和农作物经济损失风险,湄公河流域沿岸社区基础设施薄弱,水土保持能力有限。改善沿岸居民农村社区生态经济效益和社会经济持续发展状况,优化农田种植结构,提高作物种植效率,在洪旱灾害易发区域建立水土保持和高效生态经济功能兼顾的山区小流域综合治理模式,成为政府和沿岸居民在水资源合作领域关注的重点内容之一。

1.4.3.3 农村饮水保障与安全

湄公河流域沿岸社区农村人口数量多，农耕土地面积分布广泛，沿岸居民主要从事农业和渔业生产。由于经济条件限制，供水设施建设和管理基础薄弱，特别是柬埔寨、老挝、缅甸、越南等国，其改善供水的覆盖人口比例仅为61%~73%，与全球平均改善供水比例(91%)相比仍有较大差距。根据世界卫生组织、联合国儿童基金会等国际组织最新统计数据，澜湄地区仅有老挝和柬埔寨两国上报了饮水相关数据，其享有安全管理饮用水服务人口的比例分别为0%~25%和25%~50%。由于监测体系不健全，澜湄国家农村供水基础数据缺乏，农村供水工程建设和运行现状不清，缺乏对供水系统风险的有效识别。尽管澜湄国家水资源总量丰富，但由于时空分布差异，水源工程缺乏，季节性缺水、工程缺水问题严重；另外由于水源污染、水质净化消毒措施缺乏，水质问题较为突出。因此，澜湄流域农村供水安全保障问题成为政府和沿岸居民在水资源合作领域关注的重点内容之一。

1.4.3.4 大坝安全管理与健康监测

澜湄流域水资源丰富，水能蕴藏量高，为利用湄公河水能资源，推动流域国经济发展，在2000年以后，沿岸国家对湄公河干流大坝建设进行规划，在支流已建设了上百座以发电和灌溉为主的大坝。据不完全统计，欲成为"中南半岛蓄电池"的老挝，目前已投产运行的水电站有61座，总装机7200MW，在建水电站近40座；越南水库约有7000座，其中水电站大坝238座，水库大坝6648座，约有1200座大坝处于退化状况；泰国已建大中型水库400余座。同时，在各国不同地区还分布有以灌溉功能为主的水库和尚未统计的小型水库。

2018年，老挝桑片—桑南内水电站、缅甸斯瓦尔河大坝发生两起溃坝事件，造成巨大人员伤亡和财产损失；2019年8月4日，老挝一私人公司建设的川圹省南椰河投运2年的Kengkhouan电站大坝垮塌。此类事件暴露出湄公河流域国家在大坝建设、运行管理等方面存在突出短板问题，主要表现为：一是缺少国家层面的"大坝安全计划"，大坝建设和运行管理尚无配套的法律法规、技术标准体系支撑；二是大坝安全管理的组织机构尚不健全，制度体系还不完善，尚无代表政府的专业机构对大坝建设和管理进行监管，导致无序开发和管理薄弱的状况普遍存在；三是大坝主要通过国外投资建设，受多方面条件限制，筑坝质量参差不齐，再加上区域性极端天气频现、自然条件复杂，导致面临较高的大坝安全风险，易发生大坝安全事故；四是大多数河流水文记录缺乏、降雨资料不准，导致工程规划设计阶段缺乏充分的数据支撑，造成设计成果与实际运行情况不符；五是在运行期缺乏工情、雨情、水情等数据的实时监测，无法实现工程全生命周期信息的有效监控、预警与管理。因此，在澜湄流域，对已建大坝及时开展定期评价，逐步建立管理法规、标准和技术体系，从而降低溃坝率，保证流域大坝周围社区居民的农耕和生活安全，成为政府和沿岸居民在水资源合作领域关注的重点内容之一。

1.4.3.5 防洪抗旱应急管理能力建设

澜沧江—湄公河依次流经中国、缅甸、老挝、泰国、柬埔寨、越南,最后流入南中国海,由于维度跨越幅度大,地形和降水多变等自然原因,澜湄流域洪水灾害频发。据国际灾害数据库 EM-DAT 统计,1985 年至今,澜湄流域共发生 200 余次洪水,共造成 3000 余人死亡,其中越南受灾最为严重,遭遇了百余次洪水灾害。由于沿岸国家的洪旱灾害防御体系薄弱,信息共享应急机制不健全,国家间减灾政策受到国界限制,往往很难在有效区域防洪联动机制下协调多个国家共同应对洪水;加之域内缺乏水利基础设施投入、国家防洪减灾意识经验薄弱等,增加了该区域洪水灾害治理的困难,使得洪水灾害很有可能带来更大的损失。随着国民经济快速发展、人口增加、城市化进程加快,洪水与干旱给六国带来了越来越大的压力,灾害发生的频率可能会增加,程度可能会更严重,影响范围可能会更广。因此,防洪抗旱应急管理能力建设成为当前政府和沿岸居民在水资源合作领域关注的重点内容之一。

第 2 章　澜湄国家典型洪旱区域水生态分区及沿岸带侵蚀变化研究

CHAPTER 2

2.1　水生态分区简介

2.1.1　水生态分区发展概况

自从 1976 年美国生态学家 Bailey 开展真正意义上的生态分区以来,基于生态分区的资源管理和环境保护的重要性已得到公认。之后 40 余年来,国内外以水生态系统健康为目标,以水生态功能辨识和分区为科学基础和重要依据的流域生态综合管理理念和方法逐渐发展,并成功应用于诸多案例。例如美国的田纳西流域、阿拉斯加流域,澳大利亚的墨累—达令流域,中国的太湖流域、海河流域、淮河流域、滇池流域、辽河流域、达里湖流域等。这些研究基于气候(周期变化和降雨量)、地理(海拔和地形地貌)、植被(结构和组成)、人类活动(土地利用类型)、水体生境(物理化学特征)、水生生物(区系与群落结构)等因素的空间异质性特征实现水—陆生态系统划分,为政府实施流域水资源管理和区域生态环境保护提供科学依据。

2.1.2　典型区域特征及水生态分区研究目的

湄公河是沿岸流域国家赖以生存发展的母亲河,老挝 93.9% 的人口和柬埔寨 80.4% 的人口都在流域内。随着湄公河流域内与水资源相关的航运、灌溉、水电和渔业等工农业的快速发展,流域水生态系统健康发展面临着诸多挑战。特别是在我国"一带一路"倡议和大湄公河次区域及东盟框架下,澜湄成员国对水电开发、农业集约化灌溉、渔业跨界管理等区域一体化综合管理的需求和愿望增加。

研究区域位于中南半岛,介于东经 105°10′54″~107°43′43″,北纬 11°48′3″~15°45′18″之间,总面积 7.07 万 km²,以湄公河干流老挝沙湾拿吉至柬埔寨桔井段、湄公河重要支流蒙河(Nam Mun River)、色丹河(Se Done River)、色贡河(Se Kong River)、色桑河(Se San River)、斯雷博克河(Sre Pok River)及其左右岸缓冲区 50km 的范围为边界,主要涉及老挝人民民主共和国南部的占巴色省(Chambasse)和阿速坡省(Attapeu)、柬埔寨北部的上丁省(Stung Treng)和桔井省(Kratie)以及泰国东北部的乌汶府(Ubon Ratchatani)(图2.1)。研究区域属于湄公河流域的典型区域，区域内常年炎热，具有很强的季节性降雨特点，年总降雨量的变化幅度一般在±15%。但区域内干支流流量的季节性变化较大。同时，区域内水系发达，干支流径流量大且水体生境多样，有著名的3S小流域、四千美岛、西潘墩湿地、湄公河洪泛平原、伊洛瓦底江豚保护区等。既是湄公河人口集中的区域，也是重要的渔业产区和干支流水电开发比较集中的水域，生态功能非常重要。特别是老挝和柬埔寨在此跨界区域贸易往来频繁，经济发展迅速。随着经济社会的快速变化，该区域面临着生态环境与经济发展的矛盾，包括：土地用途变化、河流流量改变、暴洪和干旱增加、水质恶化和污染加剧、水生生态系统和渔业的恶化等。因此，识别该区域重要的生态功能分区，分析区域内旱季、雨季土地利用及土壤侵蚀变化，对当地政府实施差异化的流域生态环境管理措施显得尤为迫切。

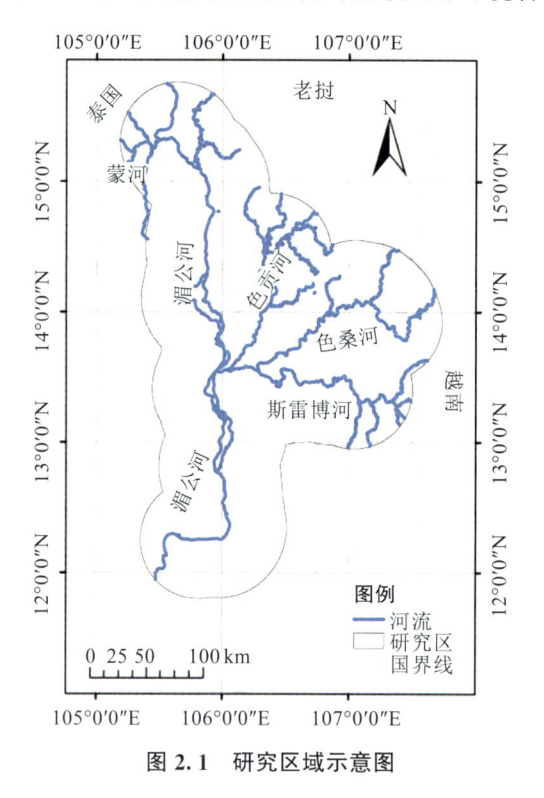

图 2.1 研究区域示意图

2.2 分区指导原则

水生态功能分区以生态优先和坚持流域自然属性为重点，强调协调性思想和重点分明的思路，其合理与否直接关系到分区结果的正确性与可信度。科学确定水生态功能分区的原则是开展分区工作的基础，不同流域水生态系统的空间特性、结构特征和功能特点各异，因此分区原则也根据分区目标和生态环境特点决定。湄公河干流 Done Ngiew-Kratie 段及重要支流流域的水生态功能分区遵循的原则主要有以下几个。

区内相似性与区外分异性原则。空间差异性显著是确定分区指标的核心，宜选取空间差异性大的指标作为分区指标。

地理综合分析与主导因素相结合原则。在理论选取指标的基础上，需在结合研究区域实际情况进行地理综合分析的同时，兼顾导致区域间存在差异的主导因素，以更好地反映区域特征。

等级性原则。区划既是划分又是合并，根据地域分异规律，可将等级高的区划单位划分为等级低的区划单位，也可以将等级低的区划单位合并成等级高的区划单位。这种自上而下划分与自下而上合并相互补充，使区域划分出不同的等级。

时间尺度性原则。指标选取过程中，分区指标应满足时间尺度上相对稳定且能够定量表达的要求。

流域完整性原则。在一定程度上，为了更好地表征不同河流的水生态特征，河流需要被分离开来单独进行评价，以保证小流域的相对完整性，这在一定程度上也能保持生态系统的完整性，为今后更深入地分区奠定基础。

陆水耦合原则。陆地生态系统对水生态系统产生直接影响，而通过水生态系统调整陆地生态系统的基本单元和管理方法，从而实现"以水定陆、以陆控水"，两者相互影响、相互制约。通过陆地指标对水生态系统形成和维持的区域因子进行分区，但是每个指标需要对水生态系统具有明确的影响。

2.3 分区体系建立

2.3.1 分区指标选择

2.3.1.1 地貌特征对水生态系统的影响

地貌特征能够直接影响降雨、径流等水资源的形成和分配特征，决定河流形态，同时也影响到水的流速、含沙量等水文特征，从而影响生态水文效应。本研究区域总体呈现北高南低的地貌特征。东北部为波罗芬高原和安南山脉，西北部是呵叻高原，湄公河干流经过北部区域后开始分汊，构成复杂的河网，4000多个岛屿和河道星罗棋布；干流继续向南经老挝孔恩瀑布后进入柬埔寨冲积平原，主河道沿流域东缘向南到达柬埔寨桔井。由于河流受到玄武岩熔岩流影响而改变方向，干流河道在该地呈直角转向西流去。

2.3.1.2 河网特征对水生态系统的影响

河网密度与集水率、河网发育状况是描述一地区水系特征的重要指标。湄公河支流众多，有多达104个小流域数据。本项目研究区域内的"3S"小流域色贡河、色桑河和斯雷博克河在湄公河左岸上丁附近汇合,支流蒙河在湄公河右岸孔詹(Khong Chaim)附近入河。近几年的湄公河流域洪水均来自上述水系的极端大流量。同时流域水系形式种类繁多,包括蒙河树枝状水系、色丹河穹弧形水系和湄公河干流桔井段的冲积河道。湄公河支流众多,形式多样的水生生境和生态取决于各小流域的基本地质、地形状况及各支流的水文特征,不同的干支流对水陆生态、生物多样性和渔业、水力发电和航运的意义不同。

2.3.1.3 土壤和土地利用特征对水生态系统的影响

土壤的物理性质影响到土壤水的运动状态,不同土壤类型的下渗速率不同,影响水的汇流过程。同时土壤中的养分类型也会影响河流水质。植被覆盖的土地具有一定的调蓄洪水的功能。本研究区域属于老挝和柬埔寨接壤的区域,农产品等贸易发展迅速,农业用地不断扩张,侵占森林用地,农业灌溉目前是湄公河流域最大的用水户。

2.3.2 分区指标体系和数据来源

水生态功能分区指标选择应该具有时间上的稳定性、空间上的异质性和尺度性、生态要素因果关联性等,要能够反映水生态系统的自然背景和生态特征。根据已有研究和文献,确定地貌特征作为一级分区因子,河网、土壤和土地利用特征作为二级分区因子,然后结合区域特点,进一步筛选出有针对性的指标体系(表2.1)。

表 2.1　　　　　　　　　　　分区指标体系及数据来源

指标类型	分区指标	分区级别	指标作用	数据来源
地貌	高程	一级	直接影响降雨、径流等水资源的形成和分配特征,决定河流形态	ASTGTM2
	坡度	一级		ASTGTM2
河网	河网密度	二级	实际河网形态,修正地形指标可能存在的误差	MRC、ASTGTM2 MRC and ASTGTM2
土壤	土壤类型	二级	反映不同的水热条件	HWSD
	土壤侵蚀	二级	反映水力侵蚀下的水土流失状况	ASTGTM2、MRC、Landsat8 ASTGTM2、MRC and Landsat8
土地利用	林地占比	二级	体现林木等植被对水资源的涵养功能	MRC
	农田用地占比	二级	反映水土流失、农田沟渠灌溉水下渗对水质污染的贡献	MRC

一级分区主要反映地形地貌对研究区域水资源形成和分配的影响,研究区域内高原和冲积平原界线分明,因此高程和坡度可作为区分这两种地貌的主要指标。二级分区主要反映水系自然条件和人类活动对区域内水生生境及水质的影响。二级分区指标中,河网密度分析水系实际形态,修正地形指标可能存在的误差。土壤属性包括类型、质地以及其他理化特征等,其中空间规律性最显著的是土壤类型,可将其划分为黏土、壤土、砂壤土、砂黏土4个类型。湄公河流域洪旱季节分明,土壤侵蚀指标能够在一定程度上反映水力侵蚀下的水土流失,本研究中按照无侵蚀、轻度侵蚀、中度侵蚀、强烈侵蚀、极强烈侵蚀和剧烈侵蚀6个等级指标划分。土地利用类型包括农业用地、林地、城镇用地、湿地等,由于研究区域内城镇用地分布范围小,在子流域尺度上存在大量零值,而湿地归于河网密度指标,因此,土地利用类型指标划分为农业用地和林地符合宏观分区的级别要求。本研究中土壤数据来源于联合国粮农组织(FAO)和维也纳国际应用系统研究所(IIASA)构建的世界土壤数据库(HWSD)。土壤侵蚀基于植被盖度、坡度和土地利用数据计算得到。土地利用数据来自于MRC数据门户网(http://portal.mrcmekong.org)。

2.3.3 分区数据处理及命名

在湄公河河流数据的基础上,参照湖泊数据和由DEM提取的河流数据勾绘湄公河重要支流,适当增加河流密度,尽可能减小子流域河网密度为零值的样本。根据地貌类型的空间异质性特征,利用ArcGIS分区统计方法分别绘制出高程、坡度指标因子的分级矢量图,参考聚类结果后叠置形成一级区图。一级分区由"方位＋主要地貌形态"两部分名称命名。然后,利用SPSS二阶聚类方法,以河网密度、土壤类型、土壤侵蚀和土地利用为指标进行空间聚类,根据聚类结果和一级分区矢量图进行叠置,确立二级分区图。二级分区由"各分区的主导子流域或者地域名称＋地物"两部分名称命名。

2.4 技术路线

本内容是基于拼接的30m分辨率Landsat8遥感数据,在现有河网数据的基础上,使用ArcGIS勾绘出湄公河老挝达哲乌(Done Ngiew)至柬埔寨桔井干流段主干河道及重要支流,设定缓冲区外扩100km,重要支流外扩50km,绘制出研究区的大体范围。通过提取目标区域内的海拔、坡度、植被盖度、土壤类型、土地利用类型、土壤侵蚀程度、河网密度数据,利用自动聚类与人工调整相结合的空间聚类技术进行水生态功能区一、二级划分与特征评价,同时比较湄公河流域雨季(6—9月)和旱季(1—2月)的水域分布及沿岸带侵蚀等要素的差异。研究结果为开展流域内分区域的差异化管理以及采取防洪抗旱应急管理措施提供科学支撑。水生态功能区划技术流程如图2.2所示。

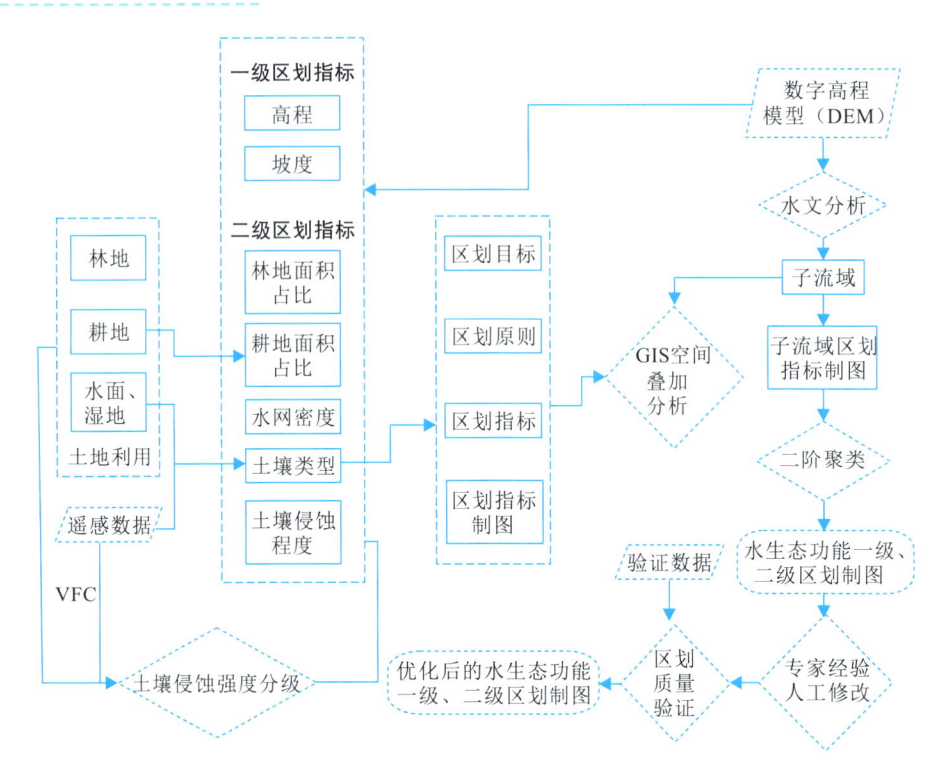

图 2.2　水生态功能区划技术流程

2.5　水生态分区结果

2.5.1　一级分区结果及合理性评价

一级分区将地貌作为主导因子,通过叠加高程和坡度 2 个矢量图获得,同时参考子流域边界对分区界线进行微调,维持子流域的完整性。研究区域共分为 2 个水生态功能一级区,分别是北部山地水生态功能区和南部丘陵平原水生态功能区(图 2.3)。一级分区结果体现水资源分配状况和供给功能,其生态系统特征差异见表 2.2。湄公河水文监测站网数据显示:北部山地水生态功能区内尽管有左岸支流色东河和右岸支流蒙河汇入,但其年平均径流深仍然只有 250mm;南部丘陵平原区随着老挝南部色空河以及越南、柬埔寨塞桑河和斯雷博克河支流从左岸汇入,干流径流量大增。干流巴色、上丁和桔井水文监测站监测 1960—2004 年期间的年平均径流深分别为 560mm、650mm 和 640mm,占湄公河总径流量之比为 67％、90％和 91％(MRC 2017)。这些证明了一级分区的合理性。

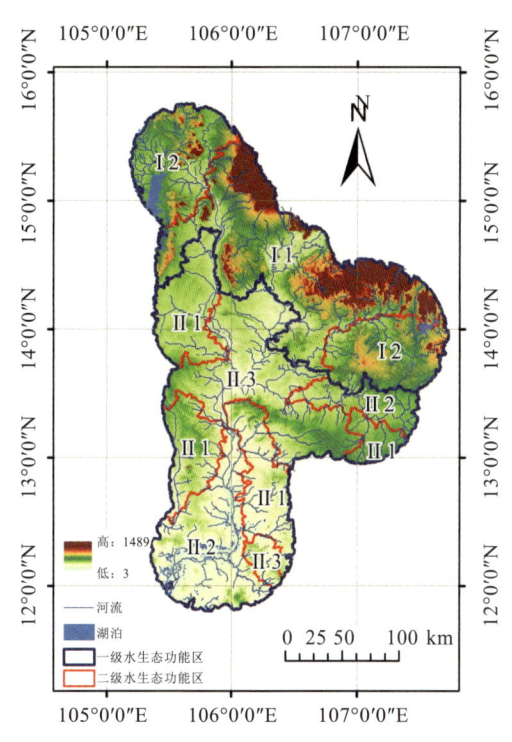

图 2.3　湄公河达哲乌至桔井流域水生态功能分区

表 2.2　一级区的生态系统特征差异

分区编码	分区名称	面积/km²	高程/m	坡度/°
Ⅰ	北部山地水生态功能区	3.11 万	78~1184,平均 270	地表起伏较大,平均 7.53
Ⅱ	南部丘陵平原水生态功能区	3.96 万	4~196,平均 85	地表平坦,平均 4.40

2.5.2　二级分区结果及合理性评价

在一级分区基础上,将河网密度、土壤类型、土壤侵蚀和林耕地占比矢量图进行叠加分析,共分成 5 个水生态功能二级区(图 2.4)。二级分区主要反映水系自然条件和人类活动对区域内水生生境及水质的影响,其生存系统特征差异见表 2.3。

鱼类作为水域生态系统的重要组成部分,由于具备生长周期长、分布范围广、对水环境变化的敏感性和耐受性有差异等特点,被广泛应用于国外的水生态分区的验证。据湄委会渔业状况调查报告,位于Ⅰ2 分区内的支流蒙河分布 38 种属 270 种鱼类;Ⅱ3 分区内孔瀑布下游干流段分布有 34 种属 168 种鱼类,支流色空河、塞桑河和斯雷博克河分别分布有 33 种属 214 种、26 种属 133 种和 32 种属 204 种鱼类;Ⅱ2 分区内上丁—桔井干流段分布有 37 种属 204 种鱼类(Phonvisay 2013,MRC 2017,Hortle & Bamrungrach 2015,et al. 2014)。这表明湄公河鱼类多样性丰富,分区的物种丰富度更多地与分区内水系大小、河网密度成正比。在鱼类对生境的喜好选择上，Ⅱ1的洪泛平原水体多是洄游鱼类的产卵地，Ⅱ2的干流河道多是大型鲇鱼(catfish)，巨暹罗鲤 Catlocarpio siamensis 等大型鲤科鱼类的产卵地。特别是Ⅱ2和Ⅱ3中桔井到孔瀑布的干流段是湄公河流域尤为重要的鱼类产卵地，也是被国际自然保护联盟(IUCN)列为极危物种的伊洛瓦底江豚仅存的淡水生境。同时，湄委会在2004—2008年对湄公河流域60个野外样点开展了水体理化因子(水透明度、水温、溶解氧DO、pH和电导率EC)和水生生物(底栖硅藻、浮游动物、沿岸大型无脊椎动物、底栖大型无脊椎动物)的调查，并在此基础上做了水生态健康评价(Davidson et al. 2006，MRC 2008，Vsongsombath et al. 2009，Dao et al. 2010)。根据其报告，10个样点位于本项目研究范围内(图2.3)，这些样点在位置和环境方面具有广泛的代表性，包括湄公河干支流网点、老挝南部和柬埔寨的冲积河道与洪泛平原等，以及受人类活动干扰程度大的沿河村镇或者航道上。10个样点水生态状况为优(6个)或良(4个)，这表明湄公河水质总体较好，并未因水资源开发、人们沿岸而居等受到危害，仍是一条相当清洁的河流。生物监测水质下降的样点多位于大流量位置，受雨季河岸侵蚀影响更大。

表2.3　　　　　　　　　　二级区的区域生态系统特征差异

分区编码	分区名称	面积/km²	河网密度/(m/万 m²)	土壤类型	土壤侵蚀(强、极强、剧烈侵蚀占比)	农田/林地百分比
Ⅰ1	安南山脉河流森林亚区	1.86万	1.30	黏土为主	1.21	5.50%/83.34%
Ⅰ2	呵叻高原河流农业亚区	1.25万	1.53	黏土和壤土均有大片发育	0.59	24.77%/50.59%
Ⅱ1	冲积平原森林亚区	1.48万	1.18	壤土为主	0.07	11.30%/82.64%
Ⅱ2	冲积河道农业亚区	1.18万	1.77	黏土为主	0.2	32.03%/49.85%
Ⅱ3	3S流域平原河流亚区	1.30万	1.32	黏土和壤土	0.14	8.94%/80.08%

2.5.3　旱、雨季沿岸带土地利用变化

研究区域旱、雨季土地利用变化情况如图2.4所示，主要表现为河道沿岸水体动态。旱季水体净减少约43259公顷，占总变化面积的93.8%；耕地净增加约16863公顷，占总变化面积的36.6%，其次为裸地(21.7%)和灌木地(21.2%)。耕地主要位于研究区域南部湄公河主河道沿岸，灌木主要位于研究区域湄公河主河道中北部及支流色桑河、斯雷博克河下游沿岸，裸地主要位于研究区域湄公河主河道中南部(图2.4)。

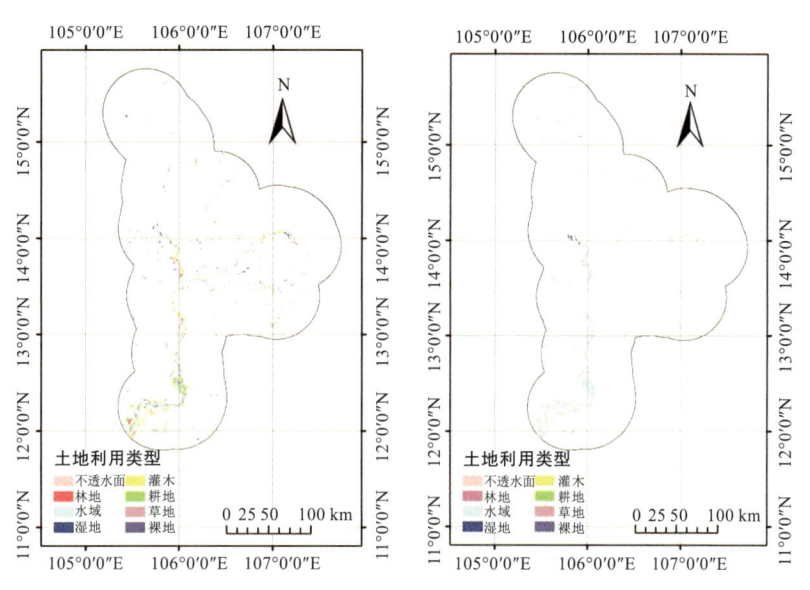

图 2.4　研究区域旱季(左)、雨季(右)土地利用空间分布变化

2.5.4　旱、雨季沿岸带土壤侵蚀变化

研究区域旱、雨季土壤侵蚀情况如图 2.5 所示。雨季净增加约 10543 公顷的无侵蚀区域,占总变化面积的 94.8%;旱季轻度侵蚀、中度侵蚀、强烈侵蚀、极强烈侵蚀和剧烈侵蚀面积均有所增加,以轻度侵蚀、中度侵蚀增加为主,净增加面积分别为 4107 公顷和 5864 公顷,分别占总变化面积的 36.9% 和 52.7%。

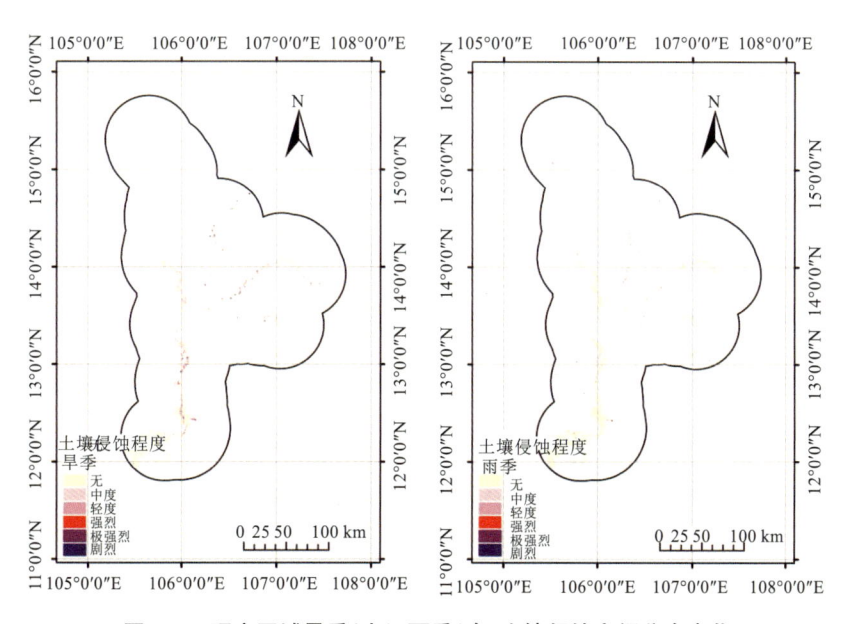

图 2.5　研究区域旱季(左)、雨季(右)土壤侵蚀空间分布变化

2.6 区域水生态保护措施

一级分区指标是高程和坡度，划分为北部山地水生态功能区和南部丘陵平原水生态功能区，体现水资源分配状况和供给功能，实现以自然系统的"地带性分异"为基础的空间划分。

二级分区指标是河网密度、土壤类型、土壤侵蚀和土地利用状况，划分为安南山脉河流森林亚区、呵叻高原河流农业亚区、冲积平原森林亚区、冲积河道农业亚区和3S流域平原河流亚区，反映水系自然条件和人类活动对区域内水生生境及水质的影响，综合考虑了水—陆生态系统中的自然要素和人类活动对水资源、水环境和水质的影响。

干、湿季土地利用变化主要表现为河道沿岸水体动态变化。旱季水体面积减少，转为耕地、灌木地或裸地，使侵蚀强度显著增加。

区域季节性洪水对鱼类繁殖、饵料供应有利；防洪措施（闸坝、堤岸等）应选择能满足鱼类生活史、营造复杂微生境的生态友好的类型。

冲积河道农业亚区和3S流域平原河流亚区是该区域的鱼类资源核心保护区，干、支流防洪措施应考虑鱼类产卵洄游通道畅通。

区域内干、支流沿岸而居的生活方式应注意面、点源污染。

参考文献

[1] Bailey R G. Ecoregions of the United States (map), Utah Scale 1：7 500 000. USDA Forest Serv Intermtn Reg Ogden, 1976.

[2] Bailey R G. Delineation of ecosystem regions. Environmental Management, 1983, 7 (4)：365-373.

[3] Bailey R G, Zoltai S, Wiken E. Ecological regionalization in Canada and the United States. Geoforum, 1985, 16(3)：265-275.

[4] Bailey R G. Ecoregion-based design for sustainability. New York USA：Springer-Verlag, 2002.

[5] Klijn F, Udo D, Haes A U. A Hierarchical Approach to Ecosystem and its Implications for Ecological Land Classification. Landscape Ecology, 1994, 9（2）：89-104.

[6] Omernik J M, Bailey R G. Distinguishing between watersheds and ecoregions. Journal of the American Water Resources Association, 1997, 33(5)：935-949.

[7] Van S J, Hughes R M. Classification strengths of ecoregions, catchments, and

geographic clusters for aquatic vertebrates in Oregon. Journal of the North American Benthological Society, 2000, 19(3): 370-384.

[8] Moog O, Kloiber A S, Thomas O. Does the Ecoregion Approach Support the Typological Demands of the EU 'water Frame Directive'? Hydrobiologia, 2004, 516: 21-33.

[9] Omernik J M. Perspectives on the nature and defifinition of ecological regions. Environmental Management, 2004, 34 (1):27-38.

[10] Snelder T, Biggs B, Woods R. Improved eco-hydrological classification of rivers. River Research and Applications, 2005, 21(6): 609-628.

[11] Snelder T H, Pella H, Wasson J G, et al. Definition Procedures Have Little Effect on Performance of Environmental Classifications of Streams and Rivers. Environmental Management, 2008, 42(5): 771-788.

[12] Pivovarova I. Syetematic approach in ecological zoning. Journal of engineering and applied sciences, 2015, 10 (1):11-15.

[13] Miller B A, Reidinger R B. Comprehensive river basin development. Washington DC: The World Bank, 1998.

[14] Gallant A L, Binnian E F, Omernik J M, Shasby M B. Ecoregions of Alaska. U. S. Geological Survey Professional Paper, 1995, 1567.

[15] Blackmore D J. Murray-darling basin commission: a case study in integrated catchment management. Water Science and Technology, 1995, 32 (5-6): 15-25.

[16] Gao Y N, Gao J F, Cheng J F, et al. Regionalizing aquatic ecosystems based on the River subbasin taxonomy concept and spatial clustering techniques. International Journal of Environmental Research and Public Health, 2011, 8:4367-4385.

[17] Gao Y N, Gao J F, Cheng J F, et al. Delineation of level Ⅲ aquatic ecological function regionalization in the Taihu Lake basin. Geographical research, 2012, 31 (11): 1941-1951.

[18] Sun R H, Ji Y H, Shang L Y, et al. Regionalization of the Freshwater Eco-regions in the Haihe River Basin of China. Environmental Science, 2013, 34 (2): 509-516.

[19] SunR H, Cheng X, Chen L D. Coupling terrestrial and aquatic ecosystems to regionalize eco-regions in the Haihe River Basin, China. Acta Ecologica Sinica, 2017, 37 (24):8445-8455.

[20] Sheng S, Chi X, Teng W, et al. Division design of water eco-functioning of the river

basin. 2015，CSAWAS，43(12)：1559-1692.

［21］高喆，曹晓峰，黄艺，等．滇池流域水生态功能一二级分区研究．湖泊科学，2015，27(1)：175-182.

［22］刘星才，徐宗学，张淑荣，等．流域环境要素空间尺度特征及其与水生态分区尺度的关系——以辽河流域为例．生态学报，2012，32(11)：3613-3620.

［23］崔宁，于恩逸，李爽，等．基于生态系统敏感性与生态功能重要性的高原湖泊分区保护研究——以达理湖流域为例．生态学报，2021，41（3）：949-958.

第 3 章　澜湄国家典型小流域综合治理示范

3.1　小流域综合治理概述

3.1.1　小流域综合治理的基本概念

流域是指地表水及地下水的分水线所包围的集水区或汇水区，因地下水分水线不易确定，习惯指地面径流分水线所包围的集水区。小流域通常是指在一个县域范围内，二、三级支流以下以分水岭和下游河道出口断面为界、集水面积在 50 km² 以下的相对独立和封闭的自然汇水区域，是生态、经济、社会三个系统构成的复合系统。小流域一般具备以下 2 个基本特征：

（1）土壤侵蚀过程自成完整系统，即暴雨径流期降雨发生雨滴击溅侵蚀，产流以后在分水岭地区形成片流，发生片蚀，分水岭以下坡面片流汇集为散流，进行细沟和浅沟侵蚀，并开始出现重力侵蚀和潜蚀，至谷底散流转变为暴流，发生沟道侵蚀，在流域内形成了完整的水土流失体系。

（2）具备按照生态经济学原理组织农、林、牧生产的有利条件，通过建立结构合理、功能高效的生态经济系统，实现生态经济的良性循环，使生态效益和经济效益同步提高，保证人类社会的持续发展。

根据小流域所处的地理位置、地形地貌、社会经济等特点可将小流域划分为以下几类（张杰等，2015）：

（1）上游水源保护型。小流域处于干流的上游并且在流域规划的水功能区划中属于保护区或保留区，需对这类型小流域进行保护式的综合治理。

（2）休闲观光型。这类小流域交通便利又有着丰富的旅游资源，可以开展自然风景旅游、民俗文化游以及观光体验农业等旅游产业。

（3）特色产业型。此类小流域经济欠发达又具有适宜种植的良好条件，发展特色产业可以提高当地经济收入。

（4）和谐宜居型。村庄集中、人口密集是这类小流域的主要特点，人居环境的改善是主要目标。

小流域水土保持综合治理是根据小流域自然和社会经济状况以及区域国民经济发展的要求,以提高生态经济效益和社会经济持续发展为目标,以小流域为单元,厘清流域内水土流失的发生规律,合理安排农、林、牧、副各行业用地,采取水土保持等农业耕作措施、林草措施和工程措施相结合,因地制宜,合理利用水土资源,充分发挥山丘区和风沙区水土资源的生态效益、经济效益和社会效益,改善当地农业生态环境的综合防治措施。

3.1.2 小流域综合治理的根本目标

3.1.2.1 开展小流域综合治理的意义

水土流失是指在水力、风力、重力等外营力作用下,山丘区及风沙区水土资源和土地生产力的破坏和损失,包括土壤侵蚀及水损失。严重的水土流失会使土壤退化、养分流失、土地生产力下降而导致当地的生态环境变得十分脆弱,而且由于侵蚀产生的大量泥沙淤积在下游河道,引起江河堵塞,加大下游的洪灾风险,给当地人民生命财产和经济建设造成巨大的威胁。因此,水土流失无疑是一种最主要的土地退化类型。

由于特殊的自然地理和社会经济条件,加之不合理的开发利用,我国水土流失分布范围广、面积大,侵蚀种类多,危害严重。我国山区、丘陵区面积约占国土总面积的2/3,大部分面积都有水土流失。这些地区山地多,坡度陡,土层薄,暴雨多,自然条件差,人口增长速度快,人们被迫盲目开垦,过度放牧,造成"越垦越穷,越穷越垦,越垦水土流失越严重"和"越牧越穷,越穷越牧,越牧水土流失越严重"的恶性循环,使有限的土地失去农牧业的利用价值。严重的水土流失不仅制约着广大山区农村脱贫致富和经济发展,同时也影响着城市建设与发展,已成为我国经济社会可持续发展的重要制约因素,是我国的头号环境问题(李占斌等,2004)。

严重的水土流失会给经济社会发展和人民群众生产、生活带来多方面的影响与危害,主要表现为:①耕地减少,土地退化严重;②泥沙淤积,加剧洪涝灾害;③水资源的综合开发和有效利用效率降低;④生态环境恶化,加剧贫困;⑤威胁我国粮食安全。开展小流域综合治理有利于改善水土流失现状,提升小流域生态、社会、经济效益。

小流域综合治理是一项可以实现水土保持与流域经济可持续发展的系统工程,是实现水保产业化的基础,也是发展水土流失区新农村经济的一条捷径。对于改善农业生产条件、调整农村产业结构、改善生态环境、促进经济社会发展等方面有着重要意义。

开展小流域综合治理是贯彻落实建设生态文明和建设美丽中国的一项重要措施,对保障当地生态安全、推进社会主义新农村建设、加快推进当地生态环境系统建设都具有重要的意义。

(1)小流域综合治理是保障生态安全的需要

随着经济建设的快速发展,小流域范围内各项产业发展迅猛,一些中小企业相继建成投产,生产污水排放,导致小流域不同程度污染,给脆弱的生态系统增加不小的负担。加强小流域综合治理是建设生态文明的重要举措,也是保障生态安全的重要手段。

(2)小流域综合治理是推进社会主义新农村建设的重要组成部分

小流域虽小,但点多、面广、线长,覆盖国土面积大,小河流绕村或穿村而过,如治理不好,将会出现污水横流、易发自然灾害现象;如果治理得当,将有效提升村容村貌,改良水质资源,极大改善人居环境和农业生产水平。因此,开展小流域综合治理,可以有效推动社会主义新农村建设。

(3)小流域综合治理有助于提升人与自然和谐相处水平

新时期下,小流域综合治理的新目标之一是保持人与流域生态经济系统的稳定和协调,在治理过程中引入生态经济学、景观生态学、生态水文学等新方法及可持续发展、"绿水青山就是金山银山"等先进理念,构建相应的制度框架,并在此框架内构建适合中国国情的小流域综合治理模式,增强人与小流域系统可调控性,提升人与自然和谐相处水平。

3.1.2.2 开展小流域综合治理的根本目标

(1)健全管理体系

城镇周边小流域所属的市、县两级水土保持机构健全,乡、村两级明确人员专管,满足当地水土保持生态建设和管理需求。

(2)构建水土保持氛围

小流域所在乡、村两级对水土保持宣传力度大,举办过针对村民的水土保持知识讲座,村内有水土保持宣传的标语、标牌,村民认知度高、水土保持意识强。

(3)水土保持治理工程

将水土保持生态文明建设与生态农业、生态旅游、美丽乡村、扶贫攻坚等相结合,山水田林路村综合治理,"治山、治水、治污"同步,建设完成包括治坡工程、治沟工程、蓄水排水工程等符合当地情况的水土保持措施,坡耕地、宜林荒山荒坡、低质低效疏林地、撂荒地基本得到治理,无违规开荒现象,生产建设项目"三同时"制度落实,治理措施到位,形成政府主导、水保搭台、部门协作、社会参与的水土流失防治机制。对已建成的水土保持工程在小流域内建立管护机制,落实管护责任、明确管护标准,推进对小流域内群众的工程管护宣传教育,营造人人管护、人人监督的良好氛围。

(4)水土保持治理成效

小流域内的水土流失综合治理程度达到70%以上,林草保存面积占宜林宜草面积的70%以上,水源涵养作用达到75%以上,土壤侵蚀强度在轻度及以下。人为水土流失得到全面控制,水保工程安全度汛。村旁、宅旁、水旁、路旁"四旁绿化"效果好,具有生态、景观、亲水功能的沟渠、河道及河道周边的道路得到综合整治。

(5)面源污染防治

面源污染防治效果明显,村庄生活垃圾无害化处理率和生活污水处理率均达到70%以上,流域出口水质达到Ⅲ类水标准以上。化肥施用强度低于450kg/hm²,减少50%以上,农药施用量减少50%以上,并执行《农药安全使用标准》;固体废弃物集中堆放,定期清理和处置,处理率达85%以上,生活污水处理率达70%以上;污水水质达Ⅱ类标准以上。

(6)村容村貌改善

经过水土保持生态清洁型小流域建设,小流域内人居环境(包括古村落保护)有明显改善,群众生活水平有极大提高,初步建成社会和谐、美丽宜居的城镇周边生态清洁型小流域。实现生态可保护、人居环境美化、产业结构优化、产出有机化、社会经济与自然和谐化。

(7)农村经济发展目标

城镇周边小流域大多属于经济不发达地区,地方财政较差,缺乏开展水土流失综合防治资金。小流域内以传统农业为主,耕地资源紧缺,人地矛盾突出,在财政投资较少的情况下,水土流失的治理难度较大,小流域内老百姓对改善生产生活条件意愿强烈,同时老百姓对农林资源的依赖度较高,落后的基础设施与脱贫致富愿矛盾突出。

以现代农业发展为导向,合理调整农业种植结构、布置机耕道、生产便道和蓄水池等农业配套工程,进一步改善项目区农村生产生活条件,改善群众的生存环境,促进流域内经济发展和社会稳定,建设和谐的新农村。

3.1.3 小流域综合治理的原则思路

3.1.3.1 指导思想

2021年4月30日中央政治局进行第29次集体学习,内容是新形势下加强中国生态文明建设,以生态文明和"美丽中国"建设为核心,贯彻"绿色、循环"发展理念,围绕人与自然和谐发展主线,以面源污染综合防治和各类产出无公害为目标,通过对污染源、污染过程、污染汇聚的控制和水环境的改善,维护小流域水系稳定,保障小流域生态安全和水质安全,促进流域经济社会可持续发展。

国家对流域治理以流域水土保持生态建设为重点,规范管理和提高投资效益,治理的主要思路为:以重点支流为规划单元,以地市设立项目区,以县域为建设单元,以小流域为治理单元,统一进行规划,分期组织实施,以达到集中连片、大规模、高标准、快速度的治理效果,产生良好的社会和经济效益(刘凤芹,2007)。

3.1.3.2 布置原则

(1)因地制宜,综合治理

在山水林田湖草路统一规划的基础上,根据小流域综合治理的特点,因害设防,综合配置工程、林草等各类措施,形成综合防护体系。坡改梯措施应重点在8°～15°有水土流失的坡耕地上实施,原则上宜土则土,宜石则石,土石结合,植物护埂,严禁过度开挖和在台位清晰的梯地上重复治理。

(2)统筹规划,突出重点

对实施坡改梯地块因地制宜配设坡面水系工程及生产道路。对距离居民区较近、海拔相对较低的坡耕地实施经果林措施。对水土流失较轻或海拔较高、远离居民区的疏林地采取封山育林措施。

(3)以人为本,注重民生

在综合治理水土流失的同时,着力解决群众最关心的基本农田、小型水利水保工程、生产作业道路等,有效改善人居环境和生产条件,促进特色产业发展、农民增收和脱贫致富。

(4)注重科技,突出效益

大力推广先进实用技术,发挥科技引领和支撑作用,坚持综合治理与促进特色产业发展相结合,提高工程效益,以水土保持生态建设助推乡村振兴。

3.1.3.3 措施总体布局

由于小流域地理位置、地形地貌、地质等具有各自的特点,其自然和社会经济条件也不一致,因此治理思路和模式也存在着很大的差异。目前,根据小流域的相关特点,在小流域类别划分的基础上,形成不同的小流域治理措施布局分区:①生态保护区。地形坡度大于25°或各类保护区等不得实施开发建设、破坏的区域及现状天然林分布区列为生态保护区。②治理开发区。地形坡度小于25°至坡脚地带,除天然林分布区外适宜农林业开发利用、存在自然和人为水土流失的区域列为治理开发区,将开发和治理相结合,并通过工程措施、植物措施,使水土流失得到治理。③重点整治区。位于沟道下游和河道两侧至山脚的平缓地带,是小流域生产和开发建设以及人居的主要区域,应加强防洪安全设计、人居环境整治和监督管理工作,列为重点整治区。

按4类小流域各自的特点进行治理的措施布局。上游水源保护型要充分考虑水源保护,减少土壤侵蚀和控制面源污染。

根据布局原则、项目区的地貌特征和水土流失规律,结合土地利用规划结果和项目区的实际情况,按照水土保持的相关要求,对项目区内的生产用地、生态用地的治理措施做如下布局:

(1)生产用地措施布局

生产用地的水土流失主要发生在坡耕地上,规划治理中以梯田工程及相配套的机耕道路和坡面水系工程为重点进行综合布设。

1)梯田工程

根据流域内规划期末对高产农田的需求,结合流域内现有生产用地土地适宜性评价,采用1:10000地形图、无人机航拍影像、航测和实地踏勘,按照择优选择的原则,在靠近村庄、交通方便、坡度25°以下的坡耕地上进行坡改梯措施的布设。

2)坡面水系工程

根据项目布局及流域规划坡改梯面积,设计对规划的坡改梯区域根据水源条件及地块分布情况,配套改善农业灌溉问题,设计灌溉面积,在措施地块内布设蓄水池、引水管道、闸阀井等。灌溉工程布设应充分考虑坡改梯改后种植作物的灌水标准,以及地块周边地形的影响。

3)机耕道路

为便于提高耕作条件,同时为满足片区内居民的出行要求,考虑在规划坡改梯措施的区域内修缮机耕道路。

4)保土耕作

为了满足生产用地需求,增加粮食产量,在流域内土层较厚的坡耕地上布置包括等高耕作、沟垄种植、间作套种、浅耕等保土耕作措施。

(2)生态用地措施布局

生态用地的水土流失主要发生在生产用地周边植被难以自然修复的侵蚀劣地,以及流失强度为轻度和中度以上的疏林地和荒山荒坡上,规划治理中以水土保持林和封育治理为重点进行综合布设。

1)水土保持林

根据工程布局,结合流域内群众的治理意愿,选定流域内的水土保持林的地块,根据流域区内树种现状及周边流域治理经验,水土保持林采用纯林,图斑树种采用当地适宜树种。

2)封育治理措施

从治理水土流失的角度出发,流域内以轻度为主的疏林地植被郁闭度在0.2以下。根据地表情况及当地丰富的水、热条件,设计考虑对其进行封育治理,加强管护,防止水土流失的进一步加重。考虑到生态用地的自然修复,主要布置在流域内流失强度在中度以下的疏林地上。选择的疏林地经封禁、人工管护后能够利用自身条件恢复森林植被,起到防治水土流失的目的。

3)沟头防护和谷坊工程布局

流域内冲沟发育,沟道冲刷侵蚀,水土流失严重,存在泥石流、滑坡等水土流失安全隐患,考虑在多冲沟下游布设浆砌石谷坊,可拦蓄泥沙,抬高沟底侵蚀基准面,防止进一步加深切割。

3.1.4　小流域综合治理方法

世界上开展小流域治理较早的国家有欧洲阿尔卑斯山区的奥地利、法国、意大利、瑞士等国以及亚洲的日本。奥地利早在15世纪就开始了小流域综合治理,当地称为荒溪治理。1882年维也纳农业大学林学系设立了荒溪治理专业,培养人才。1884年6月奥地利颁布了世界上第一部小流域综合治理的法律——《荒溪治理法》。法国、意大利、瑞士、德国等国吸取了奥地利的经验,自19世纪以来,也大力开展了荒溪治理工作。日本在17世纪开始设置机构进行荒溪治理,当地叫防沙工程。美国于1933年成立田纳西河流域管理局,开始有计划地进行小流域治理工作。原联邦德国政府在1973—1982年十年间,投资治理了250个小流域(荒溪)。伊朗、土耳其、朝鲜、罗马尼亚、印度等国均成立了专门的小流域治理机构,并取得了显著的成效。新西兰、委内瑞拉、牙买加、印度尼西亚等国政府采用资助的办法鼓励农民开展小流域治理。联合国粮农组织欧洲林业委员会山区流域治理工作组从1950—1984年先后在奥地利、瑞士等国举行了13次国际学术会议,交流小流域治理经验。

3.2　小流域综合治理中国经验

3.2.1　小流域综合治理发展现状

中国是世界上水土流失最为严重的国家之一,在多年来防治水土流失的实践中创造了丰富的经验。

中共十一届三中全会以后,从中央到地方开始加强水土保持工作。1980年,水利部在山西省吉县召开了13个省(自治区、直辖市)参加的水土保持小流域综合治理座谈会,系统总结了各地"以小流域为单元,进行全面规划、综合治理"的经验,并迅速在全国示范推广。从此,水土保持工作进入了以小流域为单元综合治理的新阶段。1983年,经国务院批准,财政部拨专款,启动了首批全国八片国家重点治理工程。1989年国务院将长江上游的金沙江下游及贵州毕节地区、嘉陵江中下游、三峡库区等四片列为国家级重点防治区,随后逐步扩大到中游地区,包括四川、云南、贵州、甘肃、陕西、湖北等10省(直辖市),涉及180个县。1991年6月29日,中国第一部《中华人民共和国水土保持法》诞生了,标志着水土保持工作开始步入法治化阶段。1993年国务院印发了《关于加强水土保持工作的通知》,要求各级政府和有关部门从战略高度认识"水土保持是山区发展的生命线,是国土整治、江河治理的根本,是国民经济和社会发展的基础,是我们必须长期坚持的一项基本国策";同年,国务院批准实施《全国水土保持规划纲要》。1994年在机构改革中,水利部专门成立了水土保持司。1997年国务院召开了全国第六次水土保持工作会议,对跨世纪水土保持工作进行了部署。

同时,在这一时期,小流域综合治理进入治理与开发一体化。水土保持工作进一步深化改革,在以户承包治理小流域的基础上,总结推广市场成功经验,把市场机制引入到水土保持工作中来,形成了以承包、拍卖使用权为主,租赁经营、股份合作制等多种治理组织形式共存的新格局。1997年8月5日,江泽民总书记对姜春云副总理《关于陕北治理水土流失,建设生态农业的调查报告》作出了重要批示,从历史和战略的高度,深刻阐明了治理水土流失、建设秀美山川的极端重要性和紧迫性,向全党、全国发出了"再造山川秀美"的伟大号召,为跨世纪水土保持生态建设指明了方向,极大地鼓舞了全国人民治理水土流失、改善生态环境的积极性。随后,党中央、国务院又作出了一系列重大战略部署和决策,将水土保持生态建设作为我国可持续发展战略和西部大开发战略的重要组成部分,批准实施全国生态建设规划,进一步明确了水土保持生态建设的目标、任务、措施。同时中央采取积极的财政政策,对生态建设的投入不断增加。在长江上游、黄河中游以及环北京等水土流失严重地区,实施了水土保持重点建设工程、退耕还林工程、防沙治沙工程等一系列重大生态建设工程,开始了大规模的生态建设。治理水土流失,改善生态环境,已成为全社会广泛关注的焦点,我国水土保持生态建设从此进入了全面发展的新时期。

回顾中国小流域综合治理的形成与发展,大致可分为四个时期。

3.2.1.1 初步探索期(1950—1979年)

1957年林业部、农业部、农垦部和水利部在《关于农、林、牧、水密切配合做好水土保持工作,争取1957年大丰收的联合通知》中,明确地指出"开展工作时以集水区为单位,从分水岭到坡脚,从毛沟到干沟,由小而大,由上而下,成沟成坡集中治理,以达到治理一坡,成一坡;治理一沟,成一沟"。晋西离石的王家沟(流域面积9.1km^2)、甘肃天水的吕二沟(流域面积12.01km^2)、陇东西峰南的小河沟(流域面积36.2km^2)、陕北绥德的韭园沟(流域面积70.7km^2)等,都是当时小流域综合治理的成功范例。70年代中期,水土保持研究人员总结了正反两方面的经验教训,认识到流域作为综合治理单元的效果,其间江西省兴国县蕉溪小流域、河北省宽城县西岔沟小流域、沈阳康平县姜家沟小流域、黑龙江省海伦县东风镇小流域等纷纷开展以小流域作为单元的综合治理,小流域区域生态环境得到显著改善,农业生产质量逐步提高。

3.2.1.2 试点成长期(1980—1991年)

水利部于1980年4月在山西吉县召开了13省区水土保持小流域治理座谈会,会上进一步明确了小流域的概念和标准,提出了中国水土保持工作要以小流域为单元进行流域的综合治理,并且写进水利部颁布的《水土保持治理办法》,使小流域综合治理在全国广泛推广。自1981年起,长江水利委员会根据水利部的安排,先后在16个省(自治区、直辖市)、42个小流域开展综合治理试点,以探索长江流域不同水土流失类型的治理优化模式,用以指导和推动南方流域的水土流失治理。1983年,经国务院批准,财政部拨专款,启动了首批全国八片水土流失重点治理项目。这八片国家重点治理区就是小流域治理区,水土严重流失,旱涝灾害频发,对国民经济影响较大,分别为黄河流域的三川河、无定河、皇甫川,甘肃定西县,海河流域永定河上游,辽河流域柳河上游,长江流域葛洲坝库区以及江西兴国县。1989年,国务院将长江流域上游金沙江及贵州毕节地区、嘉陵江下游、三峡库区、陕南陇南地区等四片区域列为国家重点防治区,以小流域为单元进行水土保持综合治理,并逐步扩大到长江、黄河流域的中游地区,包括云南、四川、贵州、湖北、陕西、甘肃等10省(直辖市),范围涉及180个县。到1989年底,被列入中国重点小流域的有3000多条,此时,小流域治理已成为中国水土流失治理的主要实施形式。

3.2.1.3 成熟期(1991—1997年)

1991年6月29日,中国第一部《中华人民共和国水土保持法》颁布实施,标志着水土保持工作进入到法治化、以预防为主治理为辅的新阶段。1993年国务院印发了《关于加强水土保持工作的通知》,要求各级政府部门从战略高度认识"水土保持既是山区发展的生命线,也是国土整治、江河治理的根本,还是国民经济社会发展的基础,是我们必须长期坚持的基本国策";同年,国务院批准实施了《全国水土保持规划纲要》。1997年4月国务院召开的全国第六次水土保持工作会议对跨世纪的水土保持工作进行了总体部署。同年5月全国水土保持小流域治理的试点工作会议在河南召开,会议明确进一步探索小流域开发模式的目标、扩大试点工作范围的工作方向。同时,在这一时期,小流域综合治理进入治理与开发一体化的发展阶段。1998年中国长江、松花江等流域发生特大洪水,洪水量大、持续时间长、洪涝灾害严重影响范围广。洪水发生后,党和政府高度重视生态环境建设,全国掀起生态环境与水土保持建设的高潮。

3.2.1.4 推广期(1998年至今)

1998年以来,随着中国综合国力的提升,国家全面加大生态建设的投入,小流域治理进入了前所未有的快速发展时期。仅每年中央安排的水土保持投资就达20多亿元,全国每年治理小流域4000多条,水土流失初步治理面积连续超过5万km²。

这一阶段,各级水保部门从经济社会发展和人们对改善生态环境的迫切需要出发,按照中央的水利工作方针和水利部党组可持续发展治水思路的要求,及时调整工作思路,把水土保持生态建设引入以大流域为规划单元、以小流域为治理设计单元的规模化防治阶段。

在指导思想上,坚持人与自然和谐相处的理念,全面加大了封育保护的力度,充分发挥生态的自我修复能力恢复植被。在工程布局上,着力推进水土保持大示范区建设,在政府的统一领导下,由水利水保部门统一规划,分部门实施,加快水土流失防治步伐。在建设内容上,以调整土地利用和产业结构为中心,以节约保护、合理开发、科学利用、优化配置水土资源为主线,努力推进水土资源的可持续利用和生态环境的可持续维护。

3.2.2 小流域综合治理常见工程措施

传统小流域水土流失治理主要措施类型分为工程措施和林草措施两大类。工程措施主要是为了降低水土流失造成的直接危害,以采用坡面治理工程、沟道治理工程、护岸与治滩工程、小型蓄排引水工程、工程治沙工程等五种类型来预防水土流失。

中国大部分流域均发源于高原山地,因此在坡面治理工程中多采用梯田措施。中国的梯田按照坡度可以分为三类:水平梯田、坡式梯田和复式梯田;按照田坎的建筑材料可分为三类:土坎梯田、石坎梯田和植物田坎梯田等。对梯田效果的研究目前有不同类型。如苗晓靖、徐桂华等对集流梯田的研究。他们认为集流梯田是水平梯田和自然坡地沿山坡相间布置的一种水土保持工程措施,并在山东省泰安市的黄前流域设置了实验小区,将集流梯田与水平梯田、坡耕地进行比较,对比作物单位面积内的产量,得出集流梯田有较高的保水和提高作物产量的效果。高鹏、刘作新、张光灿、刘霞等人在辽宁西部的朝阳县国家重点治理小流域坡耕地上设置实验小区。结果表明,该地区坡耕地适宜修建平坡比的集流梯田工程;与坡耕地相比,集流梯田土壤含水量提高 2.53~3.63 个百分点,特别是三个月的差异更大,比坡耕地平均提高 3.62 个百分点,集流梯田产量提高,产值增加。与梯田工程的研究相比,对沟道治理工程的研究较少,例如赵辉、刘保红等人对沟道治理工程的开发利用和建设布局方面的研究;李润杰、雷廷武、唐泽武等人对水土保持及沟道治理中新型高分子保水材料的运用的研究;高海东在陕西省选取了韭园沟、裴家沟、王茂沟、李家寨四条小流域进行对比研究,分析沟道治理工程对流域典型过程的影响、沟道治理工程与植被分布的关系、沟道治理对侵蚀输沙的调控作用。

3.2.3 小流域综合治理典型案例

3.2.3.1 寻甸县小流域综合治理

寻甸县从 2001 年至今,实施并验收了戈毕、甸沙河、治租河、沙湾大沟等多条小流域治理项目,通过这些项目的实施,在一定程度上能遏制小流域的水土流失,减少水土流失灾害的发生,改善区域生态环境,提高群众收入,增强当地群众的水土保持意识,提高群众开展水土流失治理的积极性。

寻甸县已经实施了2018 年国家水土保持重点工程甸沙河小流域、2019 年国家水土保持重点工程沙湾大沟小流域、2020 年国家水土保持重点工程治租河小流域等项目,以下几个方面值得借鉴参考。

(1)建设方面

1)建设管理

①加强组织领导、明确责任主体。为确保工程按量如期完成,县水务局成立了工程建设领导小组,由副局长任组长,从工程涉及乡镇及村委会抽调人员组成群众工作、综合协调、服务保障、资金监管、档案资料和督促检查等 7 个工作组,做到重点工作项目化、项目建设责任

化、责任落实具体化。项目建设过程中,做到好事办实、实事办好。

②强化宣传,营造气氛。采取广播、标语的方式,做深、做实、做细项目区群众工作,按照"五到户标准",即政策讲解到户,宣传资料印发到户,算账对比到户,典型引导到户和培训服务到户,充分调动和激发了群众的主观能动性,前期主动参与坡改梯、经果林、水保用材林等地块土地丈量、登记造册工作,实施中修梯筑埂、栽植经果林等工作,实施后的土地调平找补、划分到户等工作。

③专款专用,监管制度。针对资金管理上,专门制定一套监管制度,做到专账核算、专款专用、专户储存,封闭运行。

④坚持标准,保证质量。严格坚持水利工程基建程序及监督管理制度,认真落实项目法人制、招投标制、监理制、合同管理制,坚持标准,按图施工,注重质量,做到建设的措施能够保证质量,让当地农户能够真正感受到项目所带来的实惠和收益。

⑤建章立制,发挥长期效益。始终坚持"三分建,七分管"的工作理念和"建管同步"的管理模式,在项目建设的同时,制定了管理制度,建立了"建管并重、协作管护、搞好服务"的长效管理机制。

(2)施工经验及对本次设计的指导

通过实地调查,并与负责现场施工、监理及工程涉及村村委会的负责人进行交流,按照《实施方案》编制相关要求,总结出以下几点设计指导经验:

1)结合实际规划配套机耕道路,优化道路走线、纵坡设计及工程量计算

机耕道路规划应结合当地作物种植结构及习惯,听取当地意见,道路布置的数量以方便耕作为前提,建议按200~300m设置会车道,尽可能做到道路连接成网。

2)统筹规划、科学合理布局坡面水系

按照灌排结合原则,并充分考虑措施区域外围汇水产流排导情况,做到排水畅通,水不乱流,防止坡面径流进入规划措施区域,坡面水系做到灌渠连通、能蓄能排,补充与路、渠交汇处的涵管等配套设计考虑。

林草措施应首先遵循当地农户自己意愿,让群众接受退耕区域布设,保证林草措施可以实施;其次应充分考虑当地自然环境条件和施工情况,参考当地水土保持造林和经果林造林经验,以立地条件为依据,选用先进的、可行的造林技术进行设计;树种选择应在适地适树、因地制宜的原则下,依据各树种的生态学和生物学特性,选择当地农户接受的优良树种,提高栽植成活率,以获得稳定的林分环境、改善立地质量为目标,恢复林草植被,控制水土流失。

(3) 同类工程经验照片

池顶钢筋制安安装　　　　　　　　蓄水池

蓄水池　　　　　　　　灌溉管道安装情况

坡改梯施工照片（2020年寻甸县治租河小流域）

| 机耕道路排水沟浇筑 | 沉沙井拦蓄泥沙 |

图 3.1　寻甸县小流域综合治理

3.2.3.2　云南省马龙区桃园小流域综合治理

桃园小流域是2021年度实施的国家水土保持重点工程项目。工程2021年4月9日开工，2022年5月10日全面完成建设任务。

桃园小流域位于马龙区东北部，主要涉及桃园社区的桃园大村和王官坝2个村民小组，609户1836人。流域土地总面积17.3km²，其中水土流失面积11.14km²，占流域总面积的64.4%，项目区地处长江流域（前进河）与珠江流域（西山河）分水岭，流域内植被覆盖率较低，坡耕地、荒山荒坡面积较多，水土流失严重。

根据当地政府及群众意愿，结合项目区实际，在合理利用土地资源的情况下，优化布局，以调整农业产业结构为导向，在坡耕地上着力发展迷迭香种植，形成新的经济增长点；以生态保护为目标，在荒山荒坡上大力营造水保林、在疏幼林地块实施封育治理，增加植被覆盖度；以土地流转建立农民专业合作社为运作模式，统筹山水田林路渠综合治理，以实现有效治理项目区水土流失，减少入河入库泥沙，提升区域生态环境质量，促进当地经济社会良性发展……

通过八个多月的艰苦努力，桃园小流域共完成水土流失治理面积11.04km²，占下达治理面积10.37km²的106.5%。其中，经济林64.51hm²，水保林34.16hm²，保土耕作419.19hm²，封育治理586.26hm²，综合治理程度99.1%，水土流失基本得到控制。年减蚀量达1.96万t，年蓄水效益达24.83万m³，流域内土壤侵蚀模数由原来的1657.63t/(km²·a)降到510.32t/(km²·a)；林草覆盖率从治理前的50.3%提高到54.6%，森林覆盖率从治理前的44.9%提高到46.8%；人为水土流失基本得到控制，地表蓄水保土能力增强，生态环境明显改善，环境质量显著提高。同时，通过各项措施的实施，保护了水源、减少了入河入库泥沙，提高了耕地水利化程度、降低了农民劳动强度，促进了项目区产业结构调整，增加了当地群众的经济收入。

3.2.3.3 大滩沟小流域综合治理

大滩沟小流域位于四川省达州市通川区北部,地势西高东低,沟道水流方向为西北至东南向,幅员面积 51.44km²,其中水土流失面积为 22.86km²。

大滩沟小流域治理措施包括:梯田工程 31.01hm²(石坎梯田 5.30hm²,土坎梯田 25.71hm²)、田间生产道路 10479m、截排水沟 13414m、沉沙池 98 座、蓄水池 11 座、封禁治理 1672.56hm²、保土耕作 582.43hm²。

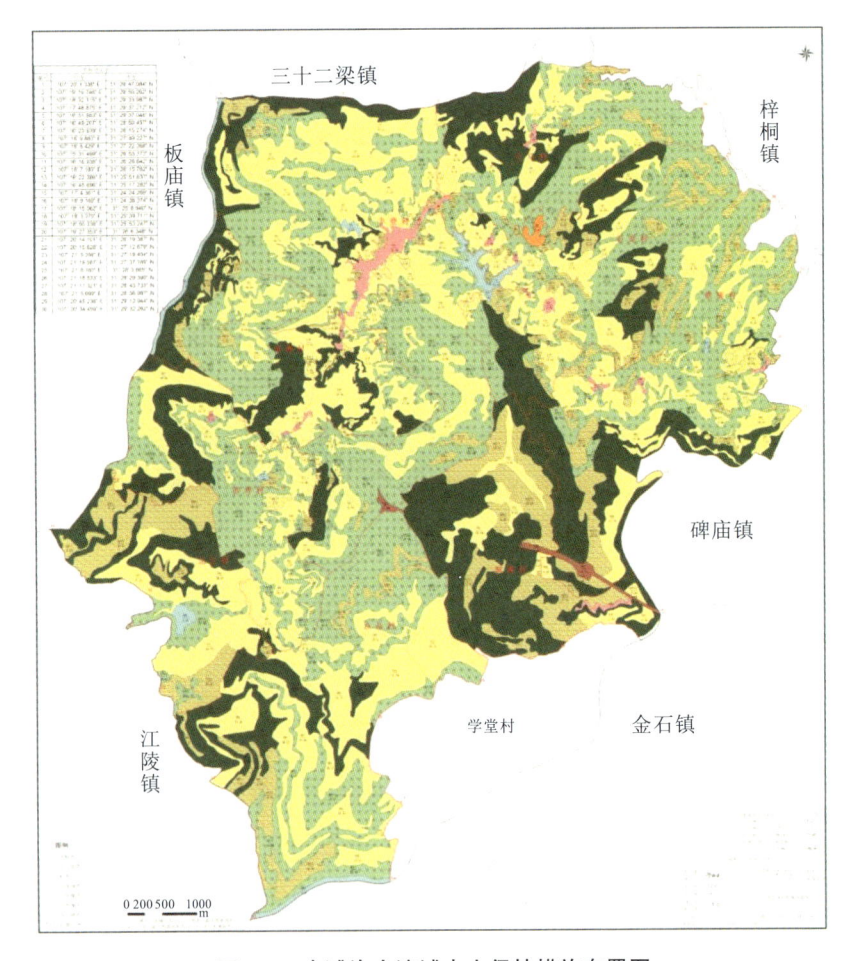

图 3.2 大滩沟小流域水土保持措施布置图

3.2.3.4 广安区小流域综合治理

广安市广安区 2013 年坡耕地水土流失综合治理试点工程大安项目区位于广安区东北部,地跨东经 106°40′37″—106°43′07″与北纬 30°35′33″—30°37′43″之间,涉及大安镇 7 个村。土地总面积 1262.00hm²,其中坡耕地面积 321.53hm²,均为水土流失区,占土地总面积的 25.51%。其中轻度流失面积 85.00hm²,占流失面积的 26.39%;中度流失面积 184.00hm²,占流失面积的 57.30%;强度流失面积 53.00hm²,占流失面积的 16.31%。项目区年土壤流失总量1.14万t,土壤侵蚀模数为3543t/(km²·a),为中度水力侵蚀区。

项目区坡耕地较集中成片,坡度多在5°～15°,便于坡改梯项目的成片实施,工程施工方便。其中坡度5°～8°的坡耕地有136.86hm²,坡度8°～15°的坡耕地有87.81hm²,坡面较缓,工程量较少,工程造价较低。少量坡度15°～25°的坡耕地有96.86hm²,坡改梯工程量较大,单位投资有所增加。

结合项目区地貌以及坡耕地分布情况,本次坡耕地整治项目以新建梯田工程为核心,配套建设蓄水池、沉沙凼、渠道、田间道路等设施。根据地貌情况,在每个山头第二台地或第三台地布设地背沟,或规范建设原有引水沟渠,拦截坡面径流,规范水系建设,防止坡面水对坡耕地的直接冲刷;在宽阔台地或两山之间的低洼之处建蓄水池,屯蓄坡面雨水,确保灌溉用水;田间道路连接各山头,或在山坳之间穿插而过,或在现有道路的基础上建设,如有可能,则与农户相接,尽量方便群众生产生活;在两渠交接、渠水进池、渠道末端之处,修建沉沙凼。从丘顶到丘脚,实现层层设防,步步拦蓄,做到"进出有道路、排灌有沟渠、蓄水灌溉有池、消能沉沙有凼",形成科学的、立体的、综合的防护体系,尽最大努力达到建设基本农田的目的。

通过本项目的实施,取得了很大的基础效益、经济效益,具体分析如下:

(1)基础效益(蓄水保土效益)

一是通过新修梯田,改变了微地形,减缓了地面径流,增大了土壤水分、土壤入渗,达到了保土保水又保肥;坡面水系工程直接拦蓄了地表径流,拦截了泥沙土壤,使土壤含水量提高,水土流失减轻,保水效益明显。项目实施后,大安项目区各项水土保持措施的年保水总量达12.53万m³,其中年新增蓄水灌溉水量3.55万m³,新增梯田土壤入渗涵水总量8.98万m³。二是通过各项工程措施的建设,改变了微地形,增加了地面植被,改良了土壤,减轻了面蚀;制止了沟头前进、沟底下切、沟岸扩张,减轻了沟蚀;坡面小型蓄水工程四旁小型蓄水工程增加了拦蓄泥沙的能力,各项水土保持措施的年保土总量达0.67万t。

(2)改善环境效益

一是将减轻洪水流量和减缓地表径流。二是通过实施坡改梯,将带动产业调整的积极性,增加地面植被覆盖度,降低雨水对地面的直接冲刷,土壤涵养水能力增强,水土流失将减轻,生态环境得到改善。三是经过良好的水土保持措施,将改善土壤的物理化学性质,土壤将变得通透,有机质将增加,土壤肥力增强,各项产值(农林牧)将增产增收。四是通过实施坡改梯综合整治,将改善地面小气候,项目区内的湿度、气温、风力等发生变化,缩小地区温差,降低干旱、霜冻发生的频率,改善了农业生产条件。五是将有效治理水土流失,各项措施的合理布设,将降低土壤侵蚀模数,减轻水土流失。项目区坡耕地综合治理后年保土量将达到0.67万t,已治理坡耕地土壤侵蚀模数将从治理前的3543t/(km²·a)降低到500t/(km²·a)左右。土壤有机质含量提高,生态环境得到改善。

(3) 社会效益

①增加了基本农田,提高了土地生产力。通过治理,使大安项目区基本农田增加 239.40hm²,农业人均增加基本农田面积 0.42 亩(1 亩=0.067 公顷);新修梯田前,坡耕地土地亩产粮食为 230kg,改成梯田后可达到 328kg;项目区农业人均增加粮食 41kg。

②提高了劳动生产率。减轻了人口、资源、环境间的矛盾,通过治理,土地承载能力增强,提高了环境容量,缓和了人地环境矛盾,增加当地人民的收入,促进项目区人与自然和谐发展,社会保持稳定。改善了土地利用结构和农业生产结构,促进项目区发展经济,农民增收。

③通过新建梯田、坡面水系和田间道路建设,项目区内农民的生产生活环境得到改善。

④通过项目实施,还为当地群众就业创造了条件。项目区人口环境容量将得到一定提高,原有的坡耕地综合治理后生产用水困难等现象可得到有效缓解。

⑤促进了社会和谐与社会进步。由于实施坡耕地水土流失综合治理项目,大安项目区群众直接感受到党和政府对他们的关怀和温暖,体会到党和政府缩小城乡差别、建设小康社会的信心与决心,更加激发他们建设社会主义新农村的热情,有利于维护农村团结与稳定,有利于促进社会和谐、促进社会进步。

(4) 经济效益

按照《水土保持综合治理效益计算方法》(GB/T 15774—2008)和《长江流域水土保持技术手册》,参照项目区内措施的增产增收调查数据,以 2013 年为计算基准年,效益计算期取 20 年。梯田效益为粮食年增产 1500kg/hm²,稿秆 1500kg/hm²,粮食按 2.50 元/kg,稿秆按 0.10 元/kg 计算,取始效期 2 年,则效益指标为 3900 元/hm²,年经济效益为 93.37 万元。效益计算期(20 年)内所产生的直接经济效益为 1680.66 万元。坡面水系工程山平塘每座养鱼约 7 亩,共整治 7 座,年增产值 24 万元;效益计算期(20 年)内所产生的直接经济效益为 456.00 万元;项目区效益计算期(20 年)内所产生的直接经济效益总和为 2136.66 万元。

3.3 澜湄国家典型小流域综合治理示范

3.3.1 阳鄂村小流域综合治理示范

3.3.1.1 阳鄂村简介

阳鄂村居民在村落上游约 2.5km 的水源处取水,供水供电已有保障。如图 3.3、图 3.4 和图 3.5 所示,阳鄂村在学校教师公寓上方有两个蓄水池,一大一小,小的在上,大的在下,作为居民饮用水蓄水地。其中,大蓄水池长 9.00m、宽 5.05m、高 2.06m,小蓄水池长 2.95m、宽 2.28m、高 2.08m,村民家中均有自来水入户。

但总体上,南欧江流域三个省的城市供水保证率不高,特别是在枯水年和枯水季节,供水得不到保证,供水不足已成为南欧江流域内城镇发展及旅游业发展的重要限制因素。流域内城市总供水能力仅为 1.59 万 m³/d,且水厂工艺简单,供水管网漏损大于 20%。同时,农村供水设施老化严重,50% 以上的供水设施因出现故障而不能正常工作。

图 3.3 阳鄂村居民用水蓄水池实拍图

图 3.4 阳鄂村居民用水取水情况

图 3.5　阳鄂村居民用水入户情况

由于地处偏远,经济、交通条件较差,南里河小流域主要垃圾类型是生活和厨余垃圾,其他垃圾占比较小。如图 3.6 和 3.7 所示,阳鄂村多数垃圾属于自由丢弃处理,仅设置有一个简易垃圾处理厂,进行垃圾焚烧。总体上,南里河小流域部分地区已修建了垃圾填埋坑或垃圾收集池,足以满足相当长一段时间的其他垃圾填埋需求。当下面临的主要问题是由于村落房屋分散且分落于河道两岸,同时垃圾收集池较远、疏于管理,村民垃圾处理意识较淡薄,其他垃圾被随意弃置于河道而导致水环境污染风险。

图 3.6　阳鄂村简易垃圾处理厂

图 3.7　阳鄂村居民生活垃圾丢弃处

3.3.1.2　阳鄂村小流域综合治理需求

(1)人居生活改善方面

供水主要存在如下方面问题:

1)供水水源保障率不够,缺乏合适稳定的水源,特别是流域内北部山区多为季节性短源河流,水资源年内和年际波动较大,在枯水季节和枯水年份缺水严重(如丰沙里县城)。

2)水厂供水规模不够、覆盖率不高,城市总供水能力仅为 1.59 万 m^3/d,人均供水能力不到 160L/d,城市集中供水能力不能满足和适应城市发展的需求。

3)水厂工艺不达标,仅做简单处理,只能供生活使用,而无法用于饮用,居民不得不购买桶装水作为饮用水。

4)缺乏统一的自来水管网供水设施,供水保证率低,而且管网漏损率大于 20%,严重的管网漏损加剧了供水短缺状况。

5)农村供水设施严重老化,人饮安全问题突出,50%以上的供水设施因出现故障而不能正常工作。

6)民众普遍缺乏环保及水源地保护意识,水源地防护措施不到位,且流域内几乎无污水处理设施。

(2)生态环境治理方面

在生态环境治理方面存在以下问题:

1)轮耕(垦)模式易引发土壤肥力流失。

2)基础设施建设易造成一定的人为水土流失问题。

3）公路建设易导致重力侵蚀浅层滑坡,存在一定的潜在危害。

4）植被退化,次生林代替原始植被群落。

5）土壤肥沃的地方经过轮耕(垦)后几乎为次生植被所替代,物种丰度降低。

结合老挝的农业发展现状,今后老挝农业综合开发要提高社会、生态、经济"三个效益"目标,最主要的是实现现代化、产业化和可持续发展。从农业综合开发实践的结果看,这"三个效益"目标,只有通过农业总院和开发才能真正实现。在新时代背景下老挝在进行生态建设时必须转变传统的管理模式,确定经济效益、社会效益和生态效益统一的原则。由此以确保老挝的生态建设与管理能够获得原居民的认可并调动社会力量参与其中。而作为东盟的重要成员,老挝与中国的经贸合作也迎来了历史机遇。因此,在老挝的生态建设管理中,也应当借助"一路一带"的历史发展机遇,引入中国先进的生态建设与管理经验以及相关资金,从而为老挝的生态建设提供有利环境。此外,老挝经济社会发展滞后,贫困面广,脱贫任务十分艰巨。在建设小康社会的进程中,改善农村生产生活条件和生产方式,全面落实老少边穷地区水土保持的工作,将有助于推进农村脱贫致富。水土保持是优化配置水土资源,改善农业农村生产生活条件,助推扶贫攻坚的基础性工程。规划期内应坚持山、水、林、田、路、村综合布局,结合特色产业发展,加快农村地区水土流失综合治理,服务农业现代化发展。同时,老挝水土保持技术研究起步较晚、水平低,在学科体系建设、科研平台或条件配置以及科技人才培养方面存在明显不足,难以应对在农业灌溉、城乡供水、防洪减灾、水生态环境保护、水土保持等领域面临的诸多难题与挑战。开展老挝水土保持技术研究院学科体系及配套设施示范建设,对促进柬埔寨水利科研事业的发展、提高水利技术水平,以及推动中国先进水利技术和装备走出去具有重要意义。

(3)山洪灾害防治方面

山洪灾害防治方面存在的主要问题有以下几个方面:

1）较大规模的山洪灾害虽然不常发生,但由于流域地形以山地丘陵为主,起伏大、坡度陡,加之当地降雨量大、暴雨集中、土质偏黏,大部分地区发生山洪的潜势较大。

2）流域耕地资源和平坦土地有限,居民点普遍规模较小且居住分散,当地盛行的迁移农业(特别是刀耕火种)对森林植被破坏力较大,局部地区容易形成较严重的土壤流失,增加松散堆积,这些均为山溪性洪水及次生灾害的发生带来隐患。

随着当地社会经济和人口规模的持续较快增长,以及一系列水电开发项目的建设和使用,未来南欧江流域的城镇化和工业化会给当地的山洪灾害防御形势带来更大的压力;

当地政府在山洪灾害防治方面的工作基本处于空白状态,山洪灾害的风险识别与评估工作需要开展,基本的应对策略需要准备,水雨情监测站网需要进一步完善,对重点城集镇影响较大的山洪沟需要治理,相关的专业技术和管理人才需要培训。

南欧江流域防洪方面存在的主要问题有:一是干流南乌7级库尾以上的孟乌代等村镇

临水居住区防洪能力不足,支流沿岸的省会城市孟赛市、奔讷县以及重要城镇孟拉县、孟本代县等未达到防洪标准。二是南欧江流域大部分处于山丘区,山洪灾害频繁,BanKornoy、HuayKai 村等受山洪威胁严重,治理任务艰巨。三是流域内防洪非工程措施建设滞后,缺乏法律法规及防洪管理机制,防灾预案编制工作尚未开展;流域内监测站网不完善,水雨情信息分散未实现互联互通;防洪专业人员匮乏,能力建设亟待提高。部分城镇防洪标准低,山洪灾害未有效治理。

3.3.1.3 阳鄂村小流域综合治理示范方案

(1) 改善人居生活环境

基于当地人居生活环境现状及基本特征,充分考虑当地居民对经济发展和生态改善的主要诉求,拟通过以下两个方面来改善村落人居生活环境。

1) 饮用水安全保障设施方案

基于村镇环境治理区中居民饮用水源位置、村舍分布、居民用水需求等,针对居民饮用水供水及处理上存在的问题,结合现有供用水管道线路与布局,运用生物慢滤水处理技术,设计集中式生物慢滤供水措施,明确净水设施安装位置及管线布局方案,有效解决居民饮水安全问题,降低饮用水安全事故发生风险。

拟推广在中国湖北、福建、广西、四川、云南等多个省份得到应用推广的生物慢滤技术作为示范区域净水设施。生物慢滤技术是物理吸附过程和生物化学过程共同作用的结果,上层滤料表面形成生物黏膜,利用生物膜及滤料过滤作用可实现进水浊度的有效降低及部分微生物、氨氮和有机物等的去除。该技术具有易于建设和维护、运行成本低、管理简便、易被农民掌握和应用的特点。

研究建立不同类型地表水水源及水质、不同规模的生物慢滤净水系统建设和运行管理模式。对于浊度较高(高于 20NTU)的原水,在慢滤前增加粗滤单元。结合不同示范区水源水质情况,完善其预处理、滤速控制和藻类污染防控等措施,开展示范应用,形成适宜不同规模、不同原水水质的生物慢滤水质净化系统解决方案及运行管理模式。

生物慢滤的滤料可就地取材;同时,在项目实施过程中和实施完成后对当地农民开展培训,整个工程的建设、运行、维护都由当地农民充分参与和完成。示范技术工艺基本流程为:水源水→粗滤→生物慢滤→清水池→用户,见图 3.8。

2) 垃圾处理设施方案

评估与预测村镇环境治理区中垃圾状况,针对农业和水环境污染所产生的垃圾处理需求,规划垃圾集中、自动分选、回收再利用、分类无害化处理等垃圾处理流程,进行垃圾集中处理站设计,通过选择满足相应功能的垃圾处理设备并确立安装地点,以解决治理范围内村镇生活垃圾问题,保障人居环境,并防范农业和水环境污染。

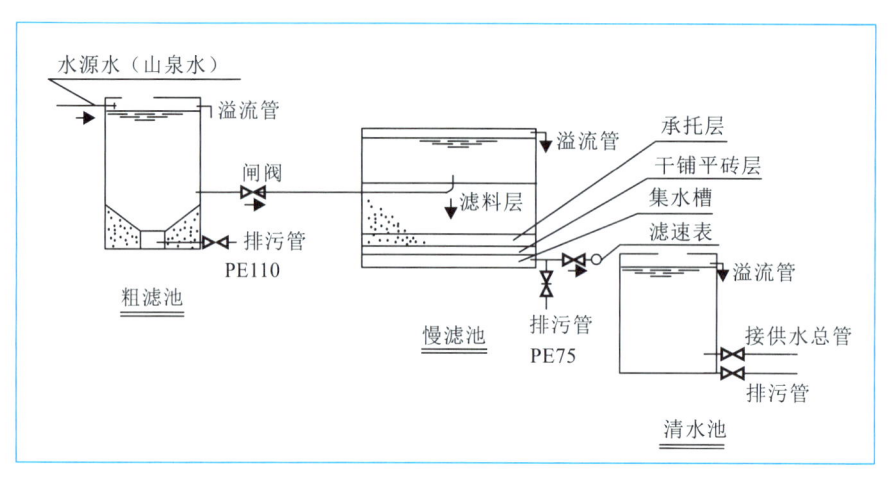

图 3.8　小型集中式生物慢滤水处理技术流程图

根据建设地区农业和水环境污染产生的垃圾处理需求及垃圾处理现状,以解决治理区生活垃圾问题,保障人居环境,防范农业和水环境污染为宗旨,以问题为导向,以切实解决阳鄂村垃圾处理中存在的问题为目标,合理规划,布设满足需求的垃圾处理设施,保障人居环境和当地生态环境和谐发展。

组织实施乡村清洁工程,清洁家园、清洁水源、清洁田园,做到小流域无垃圾堆放、无污水横流、无杂物挡道,日常生产生活物品堆放规范有序,主次干道两侧环境干净。各村垃圾统一规划若干个垃圾堆放点,普遍推行垃圾就地分类和资源回收利用,交通便利且转运距离不远的村庄可采取"户分类、村收集、乡转运、区处理"方式处置,交通不便或转运距离较远的村庄建设简易垃圾填埋场或就近分散处置。加强农村家庭宅院、村庄公共空间整治,清理乱堆乱放,拆除违章建筑,规范农业生产废弃物回收利用,做好畜禽粪便无害化处理。

针对上述所提及的垃圾处理痛点,主要方案包括:①增设垃圾收集池,方便人口集中区域丢弃垃圾;②安排专人负责后期垃圾清理与运送、设备维护,确保设施设备能长期稳定运行;③不定期展开垃圾定点投放、分类处理宣传,张贴垃圾处理与收集标语标志。

根据阳鄂村垃圾处理现状,以满足村落垃圾处理需求和保障人居环境及农、水生态环境为目标,对阳鄂村垃圾处理设施进行整体布局,合理规划。拟定新增设垃圾收集池 3 个,垃圾收集池整体设计和现存垃圾收集池保持一致,设计方案如图 3.9。

垃圾收集池主体结构为砖砌体,同时内外壁抹灰,主要使用材料为石砖、水泥和石灰等,同时底部采用 10cm 混凝土垫层以确保垃圾浸出液无法渗出垃圾收集池。

据表 3.1 所示,修建一个垃圾收集池需要 $1.08m^3$ 的砖砌体以及 $0.3m^3$ 的混凝土层,底板配 $\phi 10mm$ 钢筋约 20kg,模板 $0.8m^2$。整体垃圾处理方案需要三个垃圾收集池,共需 $3.24m^3$ 的砖砌体和 $0.9m^3$ 的混凝土,$\phi 10mm$ 钢筋 60kg,模板 $2.4m^2$。

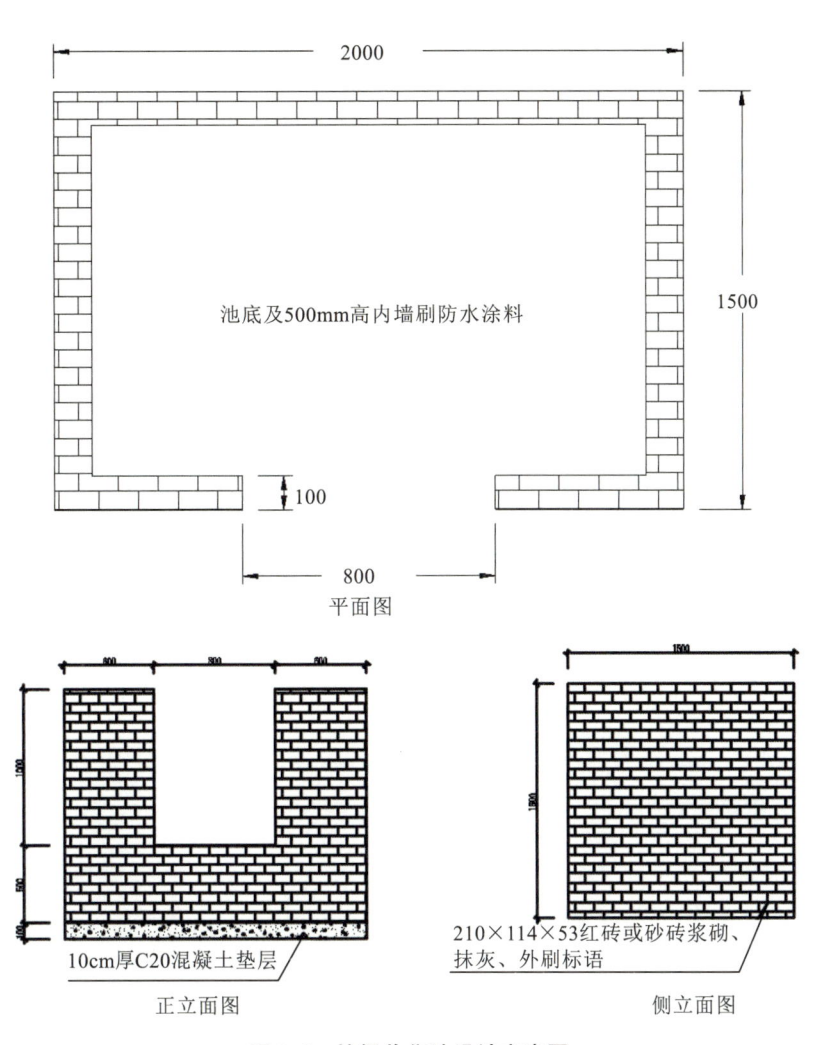

图 3.9　垃圾收集池设计方案图

表 3.1　垃圾收集池设计尺寸和材料表

	A 面	B 面	C 面	D 面	下垫面
尺寸/(cm×cm×cm)	2×60×100×12 200×50×12	126×150×12	200×150×12	126×150×12	200×150×10
材料	砖砌体,抹灰	砖砌体,抹灰	砖砌体,抹灰	砖砌体,抹灰	混凝土
体积/m³	0.264	0.227	0.36	0.227	0.3
合计	1.08m³				0.3m³

按照图 3.10、图 3.11、图 3.12 所示,将新增垃圾收集池三处。

①A 区垃圾收集池:位于阳鄂村 A 区,原为混凝土搅拌系统出料场地,在南里河左岸河口。根据遥感解译成果,A 区有房屋 13 栋。A 区垃圾收集池初步设计位置为 A 区东南侧,A 区至 C 区道路的右侧。

图 3.10　A 区垃圾收集池初步选址情况

②C、D 区垃圾收集池：C、D 区垃圾收集池位于 C、D 区之间，C 区的东北方向和 D 区的西方。C、D 区均位于南里河左岸 A 区河道上游，现跨越南里河桥梁的附近。具体位置位于 C 区通往 D 区道路的右侧，贴近山体。

图 3.11　C、D 区垃圾收集池初步选址情况

③E 区垃圾收集池：E 区垃圾收集池位于 E 区第三级平台公共厕所的西南侧。E 区位于南里河右岸，原基础局营地周围，现为三级平台，最上一级布置学校和储水设施，下面两级布置移民安置房。

第 3 章　澜湄国家典型小流域综合治理示范

图 3.12　E 区垃圾收集池初步选址情况

垃圾分类一般是指按一定规定或标准将垃圾分类储存、分类投放和分类搬运，从而转变成公共资源的一系列活动的总称。可根据垃圾的成分、产生量，结合本地垃圾的资源利用和处理方式来进行分类。进行垃圾分类收集可以减少垃圾处理量和处理设备，降低处理成本，减少土地资源的消耗。垃圾分类可显著改善当地的土壤污染和水污染问题，垃圾中部分物质不易降解，会使土壤受到严重腐蚀，同时河道边的垃圾也会污染水质，导致水环境安全问题。进行垃圾分类，填埋不易降解及有害垃圾，能显著减少垃圾带来的生态环境污染问题。垃圾分类宣传标语见图 3.13。

图 3.13　垃圾分类宣传标语

结合村镇环境治理区所在地区和村落本身的基本情况,垃圾可主要分为生活和厨余垃圾以及其他垃圾。鉴于当地交通、经济条件和人民生活习惯,其他垃圾主要包括了各种塑料制品、废纸、玻璃、金属物、渣土、尘土等,采取投放垃圾收集池并集中卫生填埋的处理方式。生活和厨余垃圾则包括了人畜排泄物、果壳、剩菜剩饭、小型碎骨、菜根菜叶等食品类废物,针对这一类垃圾主要推广生态堆肥处理方式。

堆肥主要指利用自然界广泛存在的微生物,有控制地促进固体废物中可降解有机物转化为稳定的腐殖质的生物化学过程。堆肥是一种生产有机肥的过程,有机肥所含营养物质比较丰富,且肥效长而稳定,同时有利于促进土壤固粒结构的形成,能增加土壤保水、保温、透气、保肥的能力,而且与化肥混合使用又可弥补化肥所含养分单一、长期单一使用化肥使土壤板结,保水、保肥性能减退的缺陷。堆肥是利用各种有机废物(如农作物秸秆、杂草、树叶、泥炭、有机生活垃圾、餐厨垃圾、污泥、人畜粪尿、酒糟、菌糠以及其他废弃物等)为主要原料,经堆制腐解而成的有机肥料。

3)改善村落水利设施建设

针对阳鄂村现有的饮用水源情况,规划新建河道取水口和供水水库的饮用水水源保护区,水源保护区划定后应由政府部门批准并公布实施,并加强保护区内污染源治理,实施物理隔离(如护栏、围网等)、生物隔离(如防护林)工程等保护措施,加强饮用水水源地保护相关立法,明确水源保护区保护要求,确保饮用水安全。单一水源供水城镇应当建设应急水源或者备用水源。此外,亟需加强废污水排放的监督管理和处理,政府部门应鼓励支持发展新技术、新工艺,减少污染物质的产生,对流域内污染严重的产业应当慎重选址,并加强管控。

(3)提升防洪安全保障

南欧江与云南省江城暴雨中心相邻,地形北高南低,流域形状似扇形,坡面向南,正对水汽入流方向,有利于暴雨形成。流域洪水主要由暴雨形成,多发生于6月—9月,尤以7月、8月两月最频繁。洪水历时较长,涨落缓慢,一次洪水过程一般在5d以上,不超过7d,以单峰型为主。

针对典型小流域面临的山洪灾害情况,防治措施应立足于以防为主、防治结合,以非工程措施为主、非工程措施与工程措施相结合的原则。对处于山洪灾害危险区、生存条件恶劣、地势低洼而治理困难地方的居民实施搬迁等避让措施。对于受山洪灾害威胁的其他地区,采取建立监测预警系统和群测群防的组织体系、强化风险区管理、编制防御预案、加强宣传教育等非工程措施,结合排导沟等工程措施,逐步形成完善的山洪灾害防治体系。

(4)调整村落经济结构

目前,阳鄂村主要以轮耕(垦)模式进行耕种,居民收入来源单一,缺乏保障。而近些年随着中国大力推出"一带一路"和"澜湄合作"等国际合作政策,老挝作为沿线的重要国家,生产要素不断丰富,经济发展动力充沛,在矿业、水电、金融、旅游、购物等领域迅速发展。南里河小流域位于老挝北部,区位优势突出,是老挝连接邻国的交通要道和桥梁,经济社会发展前景良好。中国电建进驻老挝二十余载,在干流"一库七级"水电开发的实施过程中,与当地企业开展良好合作,拉动了交通运输、包装、建材、进口贸易等行业快速发展,为当地培养大量专业技术人才,带动了地方经济增长。

在当地政府指导、中方企业帮扶下,南里河小流域的村落发展生态农业、特色农业,适当发展农田景观,部分耕地退耕还林,扩大林地面积,通过种植茶叶等经济作物增加收入渠道,丰富产业结构层次,从而使基础条件得到显著改善,农村产业结构得到优化,促进了粮食增收、经济增长。

3.3.2 红杉村小流域综合治理示范

3.3.2.1 红杉村简介

红杉安置点建设用地面积为 10.73hm^2,分为 3 个片区建设,共安置库区 4 个村庄的 192 户,1124 人,分为大、中、小三种户型,双层木质吊脚楼结构,建筑面积分别为 77.35m^2、63.2m^2、61.52m^2,村内配套设施包括市场、村公所、医务所、照明、供水供电等,现状见图 3.14。

图 3.14 红杉村现状图

3.3.2.2 红杉村小流域综合治理需求

（1）供水方面

总体上，小流域下游的红杉村作为南欧江流域典型村落代表，供水主要存在如下方面问题：

1）供水水源保证率不够，缺乏合适稳定的水源，特别是枯水年和枯水季节。流域内北部山区多为季节性短源河流，水资源年内和年际波动较大，在枯水季节和枯水年份缺水严重。

2）水厂供水规模不够，覆盖率不高，人均供水能力不到160L/d，村镇集中供水能力不能满足和适应村镇发展的需求。

3）水厂制水工艺落后，仅做简单处理，水质不达标，仅能供生活使用。

4）水厂工艺简单，供水管网漏损率大于20%。

5）农村供水设施严重老化，人饮安全问题突出，50%以上的供水设施因出现故障而不能正常工作。

（2）水资源保护利用方面

总体上，红杉村作为南欧江流域典型村落代表，村民节约用水的意识相对薄弱，村民家水龙头损坏，导致水流长期流淌，浪费现象较为严重。民众普遍缺乏环保及水源地保护意识，水源地防护措施不到位，且流域内几乎无污水处理设施。

（3）水土流失治理方面

总体上，南瓦河小流域在生态环境治理方面存在以下问题：

1）迁移农业的耕作方式以及生产建设活动的逐渐增多，造成水土流失面积的扩大和侵蚀强度的加深。

2）植被退化，次生林代替原始植被群落。

3）村庄周围对零碎地的疏于管理和使用不当影响居住环境，造成水土流失和面源污染。

（4）流域管理方面

涉及水资源、环境保护的部门较多，高效的流域综合管理制度和协调机制尚待建立；流域基础信息健全，信息化水平不高。现行的法律在水文信息管理、水资源开发和环境保护协调、流域与行政区域协调管理等方面缺乏明确规定，法律法规执行困难，流域保护相关法律法规有待进一步完善；水利专业人才欠缺。

3.3.2.3 红杉村小流域综合治理示范方案

基于红杉村及南瓦河流域人居生活环境现状及基本特征，充分考虑当地居民对经济发展和生态改善的主要诉求，拟通过建设饮用水安全设施、生活垃圾收集与处理来改善村落人居生活环境，拟通过实施水资源空间管控为小流域水资源利用及保护提供指导，拟通过实施经果林和坡改梯工程防治小流域水土流失，并为提升村民收入增加渠道：

①进行饮用水安全建设,采用新增沉淀池,根据地势新修供水管路等方式提高村落居民的安全饮用水水平;

②进行垃圾处理站建设,通过合理选址规划,建设垃圾收集池,安装大型垃圾处理设备,有效防范农业、水环境污染;

③绘制水资源空间分区"一张图",为实施水资源空间管控为小流域水资源利用及保护提供指导,提高流域水资源节约利用水平;

④通过实施坡改梯示范工程,遏制小流域水土流失现状,为当地的农业可持续发展打牢基础;

⑤通过实施经果林种植与移交,使当地产业结构得到优化,促进经济增长,提高居民收入。

(1)饮用水安全保障方案

基于村镇环境治理区中居民饮用水源位置、村舍分布、居民用水需求等,针对居民饮用水供水及处理上存在的问题,实施以下方案:

1)新增一个沉淀池,采用砖砌水泥结构,用钢筋加固,沉淀池建于红杉村供水站和水源点之间,沉淀池底部出水海拔必须高于供水站净化水池进水口海拔高度(EL.670m)。沉淀池海拔高度须高于村供水站海拔高度,建沉淀池地基必须建在原始稳定土基上,基础开完后找平夯实,池底采用钢筋混凝土加固地基,沉淀池规格为3m×3m×1.5m,沉淀池顶部采用不锈钢板加盖(盖板大小3.5m×3.5m×2m)。沉淀池的进水管道接到水源点的供水管道上,出水管道必须要高于净化器入水口。为便于管道排污清淤,在沉淀池底部安装1个排污闸阀及连接排污管道(DN50)。

2)位于村内高位供水池的出水管道下方,在供水池下方主出水管道修建1个调节池(1m×1m×1m),埋入地下,钢筋混凝土结构,单层钢筋网,ϕ6圆钢,底板20cm厚,侧墙15cm,封闭浇筑,顶部预埋$\varnothing$20镀锌钢管并安装刀阀,作为手动排气用。调节池离底板40cm位置接两根出水管(DN100),并各安装一个手动闸阀(DN100),两个闸阀接A片区供水主管和B/C组供水主管(DN100PE供水管)。调节池底板高程必须高于A组居民区最高处住户房屋5m的位置,确保形成高差,保证A片区居民供水。

3)新建调节池至B/C组的主供水管,全长约660m,供水管采用聚乙烯PE管(DN100),水管沿道路至中村东端顶部平台,向南延至村内市场旁边原主管上。管道地下铺设,埋深0.4~0.7m,耕地段埋深不小于1.0m。管道沿线最低点和最高点设一手动排污阀和排气阀,包括20×40cm砖砌阀门井,井盖用混凝土预制板,用于保护阀门和便于维护、使用。在B组末端至接C组的主管道起点安装1套DN100手动调节闸阀。将原A组(最高片区)连接B,C组的三通挖开,将通向B/C组的管道用闸阀堵塞,保证A组有单独一道供水管道正常供水。并在供水池到A组的主管道最低点处安装1个DN100手动排污闸阀。

4)考虑在此次供水管道改造实施过程中,给每户安装水表一只。经沟通,丰沙里县政府认同此项提议,并表示将出台相应的用水政策,并对用水收取相应的费用作为供水系统维护费用,从而使村民养成节约用水的习惯,最终达到供水满足全村使用的状态。

(2)垃圾处理设施方案

评估与预测村镇环境治理区中垃圾状况,针对农业和水环境污染所产生的垃圾处理需求,规划垃圾集中、自动分选、回收再利用、分类无害化处理等垃圾处理流程,进行垃圾集中处理站设计,通过选择满足相应功能的垃圾处理设备并确立安装地点,以解决治理范围内村镇生活垃圾问题,保障人居环境,并防范农业和水环境污染。

根据建设地区农业和水环境污染产生的垃圾处理需求及垃圾处理现状,以解决治理区生活垃圾问题,保障人居环境,防范农业和水环境污染为宗旨,以问题为导向,以切实解决红杉村垃圾处理中存在的问题为目标,合理规划,布设满足需求的垃圾处理设施,保障人居环境和当地生态环境和谐发展。

组织实施乡村清洁工程,清洁家园、清洁水源、清洁田园,做到小流域无垃圾堆放、无污水横流、无杂物挡道,日常生产生活物品堆放规范有序,主次干道两侧环境干净。各村垃圾统一规划若干个垃圾堆放点,普遍推行垃圾就地分类和资源回收利用;交通便利且转运距离不远的村庄可采取"户分类、村收集、乡转运、区处理"方式处置,交通不便或转运距离较远的村庄建设简易垃圾填埋场或就近分散处置。加强农村家庭宅院、村庄公共空间整治,清理乱堆乱放,拆除违章建筑,规范农业生产废弃物回收利用,做好畜禽粪便无害化处理。

针对上述所提及的垃圾处理痛点,主要方案包括:增设 3 处垃圾收集池,方便人口集中区域丢弃垃圾;新增 1 套垃圾处理设备,并安排专人负责后期垃圾清理与运送、设备维护,确保设施设备能长期稳定运行;不定期展开垃圾定点投放、分类处理宣传,张贴垃圾处理与收集标语标志。

1)增设垃圾收集池

根据红杉村垃圾处理现状,以满足村落垃圾处理需求和保障人居环境及农、水生态环境为目标,对红杉村垃圾处理设施进行整体布局,合理规划。拟定新增设垃圾收集池 3 个,垃圾收集池整体设计和现存垃圾收集池保持一致,设计方案如图 3.9。

垃圾收集池主体结构为砖砌体,同时内外壁抹灰,主要使用材料为石砖、水泥和石灰等,同时底部采用 10cm 混凝土垫层以确保垃圾浸出液无法渗出垃圾收集池。

按照图 3.15、图 3.16、图 3.17 所示,将新增垃圾收集池三处。

①A 区垃圾收集池:A 片区位于出村向水池方向距离 A 片区约 100 米处,建设永久垃圾坑或垃圾池一处。

图 3.15　A 区垃圾收集池初步选址情况

②B 区垃圾收集池：B 片区在位于原老村长拆迁房屋往码头方向约 100 米处，建设永久垃圾坑或垃圾池一处。

图 3.16　B 区垃圾收集池初步选址情况

③C 区垃圾收集池：C 片区在出村约 150 米处的空地处，建设永久垃圾坑或垃圾池一处。

图 3.17　C 区垃圾收集池初步选址情况

2)垃圾处理设备

①设备选型

设备选用 YFS-30X 型焚烧炉:由燃烧室和二次燃烧室组成。燃烧室是主燃烧室,由碳钢外壳及耐火层构成,其上设有火焰观测孔;二次燃烧室由碳钢外壳和耐火层组成,主要作用是燃烧一次燃烧室里面产生的气体及排出的未充分燃烧的气体。

②设备参数

适合的焚化物:生活垃圾、动物尸体、废气废液等;

焚化物热值:混合热值约 2800kcal/kg 以下;

炉体型式:卧式/圆筒立式;

设备处理量:50～100kg/h;

点火方式:自动点火;

辅助燃料:柴油、天然气;

炉内压力:采用负压设计,不逆火,-3～-10mmH$_2$O 柱。

YFS-30X 型焚烧炉结构图 3.18 所示。

③设备投放方案

待开展设备安装位置选址工作,确定设备安放地点,进行厂房建设后,可开展设备投放工作。焚烧设备等主体设备安装完成之后,开始在硬化的混凝土地基上搭建遮雨棚,用于保护焚烧设备日常不被太阳直射、雨水淋湿。并且焚烧设备搭有 220v 的生活用电,搭建保护设施可以更好地保护设备安全以及周围村民的安全。房子主结构计划采用 4cm×8cm 和

3cm×5cm方管切割焊接,四周和顶部均采用彩钢瓦安装。垃圾设备吊装如图3.19所示。

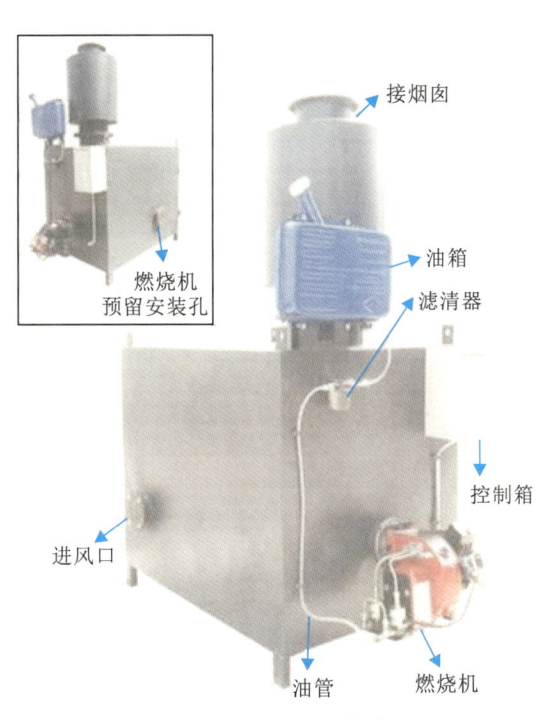

图 3.18　YFS-30X 型焚烧炉

图 3.19　垃圾设备吊装图

④设备细部安装方案

焚烧炉重1635kg,二次燃烧室重177kg,3m长烟囱一根,考虑到安装调运的方便,提前在已浇筑的水泥平台吊装焚烧炉固定,房建结束再安装焚烧炉的附属设备,包括主要的点火设备安装以及通电线路的搭接。细部安装及完工如图 3.20、图 3.21 所示。

图 3.20　垃圾处理设备细部安装及设备测试

图 3.21　垃圾处理设备安装完成

⑤正常投入使用及看护方案

计划设备试运行正常之后开始投入日常的正常使用,将委托红杉村村长为负责人,负责嘱咐本村村民垃圾投放时不可直接丢弃至房子内,需要丢入焚烧炉内焚烧。村长定期清理房屋内的垃圾,负责设备的日常看管。

(3)水资源保护空间管控

1)水资源保护空间管控分区划定的依据和原则

①分区划定的依据

分区划定要适应国土空间规划和主体功能区划的要求,以江河流域为单元,水资源分区为基础，水资源承载能力评价为支撑，立足水资源自然禀赋条件和现状开发状况，兼顾行政区的完整性进行划定。分区划定要与实施水资源刚性约束相协调，与水资源承载能力评价范围相衔接，提出满足流域安全战略区域协调发展战略和主体功能区战略，符合水资源特点的分区单元和约束指标条件的准入管制策略。

②分区划定的原则

由于不同流域和区域水资源差异较大，江河流域上中下游的特点各异，水资源支撑服务的能力和功能有较大差别。为此，管控分区要针对水的涵养性、对经济发展的支撑性、生态要素的关键性、水资源储备的前瞻性、水资源调配的可行性等要素科学划定，每个分区都要遵循"保护中开发、开发中保护"的理念，以分区类型特点为主，实施用途管控。

2）水资源保护空间管控分区划定的类型

参考中国水资源保护空间管控分区划定的类型，水资源具有多流域、区域水资源差异较大、江河流域上中下游的特征各异的特点，对于大幅员多种类水资源，多类型的水资源管控分区可以分为水资源涵养保护区、水资源开发适宜区、水资源限制开发区、水资源过度开发区、水资源战略储备区和江河尾闾水生态保护区。

①水资源涵养保护区。要与生态保护红线相衔接，将大江大河源头区、国家重要水源地、生态环境敏感脆弱区以及生态系统退化、水源涵养功能降低的区域划定为水资源涵养保护区。水资源涵养保护区要以自然修复为主，减少人为干扰，制定严格的水源涵养保护措施，除人类生存必须保障的活动外，尽量减少对水资源的开发和扰动，通过实施国家公园管理体制，建立流域生态补偿机制，构建多元化的生态保护与建设格局。

②水资源开发适宜区。水资源较为丰富，现状开发利用程度较低，符合国家主体功能区划中的重点开发区域、优化开发区域条件的区域划定为水资源开发适宜区。水资源开发适宜区要根据水资源的特点，发挥区位产业优势，制定产业发展政策，引导经济布局向适宜区聚集。开发适宜区虽然水资源条件较好，但仍要坚持节水优先、保护优先，严格控制水资源消耗总量和强度，强化水资源保护和入河排污监管。

③水资源限制开发区。现状水资源开发利用程度适中或区域用水量接近用水总量控制指标、能够基本满足生活生产和基本生态用水，但水资源利用空间有限的区域可划定为水资源限制开发区。水资源限制开发区要暂停审批高耗水项目，严格管理用水总量，严控增量，加大节水和非常规水源利用的力度，优化调整产业结构。

④水资源过度开发区。水资源开发利用程度较高，区域水资源可利用量已超出水资源承载能力，河道内生态用水被挤占，地下水存在超采的区域可划定为水资源过度开发区。水资源过度开发区要依据区域可用水量，把水资源作为最大刚性约束，采取暂停审批建设项目新增取水许可，制定并严格实施用水总量削减方案，对主要用水行业领域实施更严格的节水标准，退减不合理灌溉面积，落实水资源有偿使用差别化政策等措施，退减总量、优化存量、

严控增量、深度节水,坚决抑制不合理用水需求,对于该区域合理刚性需求和国家重大战略性布局的实施,要坚持先节水后调水、先治污后通水、先环保后用水,按照"空间均衡"的原则,在全面加强节水、强化水资源刚性约束的前提上,科学谋划调水工程的建设。

⑤水资源战略储备区。水资源较为丰沛、现状水资源开发利用程度较低或目前不具备开发条件的地区,考虑到未来经济社会高质量发展的需求、应急保障需求和国家战略调水需求等,可划定为水资源战略储备区。水资源战略储备区要结合国家水网的规划布局、重点区域水资源优化配置需求,为跨流域跨区域调水工程实施及预防区域重大供水安全风险预留储备水量。

⑥江河尾闾水生态保护区。江河尾闾是河流的行洪通道,是生物多样性的聚集地,也是河流生命健康的重要检验区。江河尾闾要按照生态系统功能的需要划出一定的范围作为水生态保护区,江河尾闾水生态保护区要严格限制人类活动,强化保护区范围内水资源保护利用制度的落实,要突出江河尾闾基本生态流量(水量)的保障,采取水资源综合调度、加大节水、限制取用水等措施,保障江河尾闾的流量、水量、流速、水位,加强对江河尾闾的岸线管理,杜绝人类活动、项目开发对水生态保护区的侵占。

3)红杉村水资源分区管控划分方案

借鉴中国在河湖保护、水域岸线空间管控等方面的相关经验,根据可持续发展水资源保护的需求,对老挝丰沙里省丰沙里县红杉村安置点区域开展空间范围划界工作,形成红杉村水资源保护空间管控分区"一张图"(图3.22)。本项目根据项目区的自然地理条件和社会人口经济情况,参照中国水资源空间管控经验,结合项目区的自然地理条件和社会人口经济情况,将项目区分为水资源涵养保护区、水资源开发适宜区、水资源限制开发区、水资源战略储备区四类。

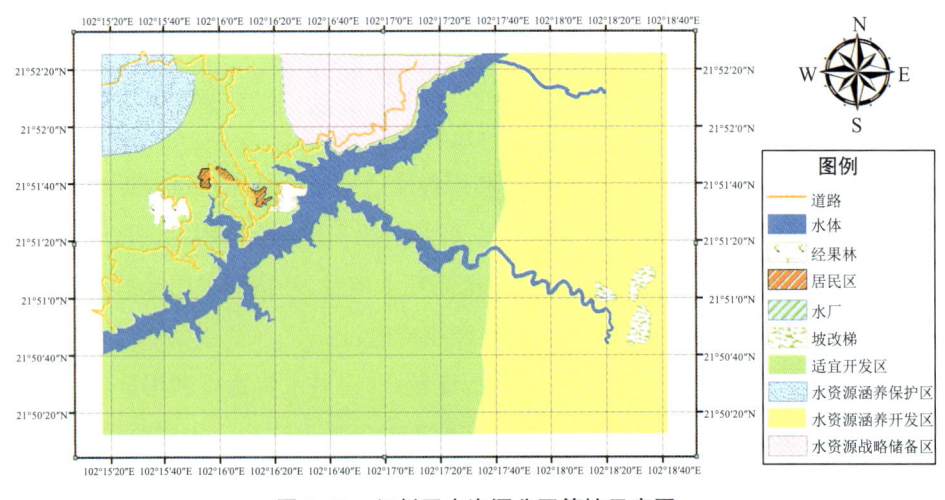

图 3.22 红杉区水资源分区管控示意图

①水资源涵养保护区。水资源涵养保护区要以自然修复为主,减少人为干扰,制定严格

的水源涵养保护措施,除人类生存必须保障的活动外(取水),尽量减少对水资源的开发和扰动,项目区以划定界限,减少居民扰动为主,不再另行开发建设。

②水资源开发适宜区。水资源较为丰富,现状开发利用程度较低,符合主体功能区划中的重点开发区域、优化开发区域条件的区域划定为水资源开发适宜区。项目区水资源开发适宜区要根据水资源的特点,以建设经果林和适当农耕为主。

③水资源限制开发区。现状水资源开发利用程度适中或区域用水量接近用水总量控制指标、能够基本满足生活生产和基本生态用水,但水资源利用空间有限的区域可划定为水资源限制开发区。水资源限制开发区要严格管理用水总量,严控增量,优化调整用水方式和结构。由于项目区居民生活方式以刀耕火种为主,存在烧山种植情况,本项目拟构建坡耕地,并将山丘与山丘种植区列为水源限制开发区。

④水资源战略储备区。水资源较为丰沛,现状水资源开发利用程度较低或目前不具备开发条件的地区,考虑到未来经济社会高质量发展的需求、应急保障需求等,可划定为水资源战略储备区,为跨流域跨区域调水工程实施及预防区域重大供水安全风险预留储备水量。项目区居民点位于红溪与丰溪之间,红溪与丰溪实际为冲沟形成,考虑到人口数量、用水需求度和当前开发程度,将红杉村居民点的上游东北方区域设为水资源战略储备区。

此外,为了保障项目区水资源合理、可持续利用,本项目拟在各区设置界桩标示。此项工作的完成将起到很好的警示作用,更有利于社会和群众对水资源合理利用的监督和举报。同时也为水资源管理工作提供了明显的管理标志,将为维护水资源管控的严肃性起到积极作用。界桩的位置和样式分别如图3.23和图3.24所示。其中,界桩样式设计图的标志可换成老挝当地水资源相关标志,或当地政府相关标志,语言为老文和英文。

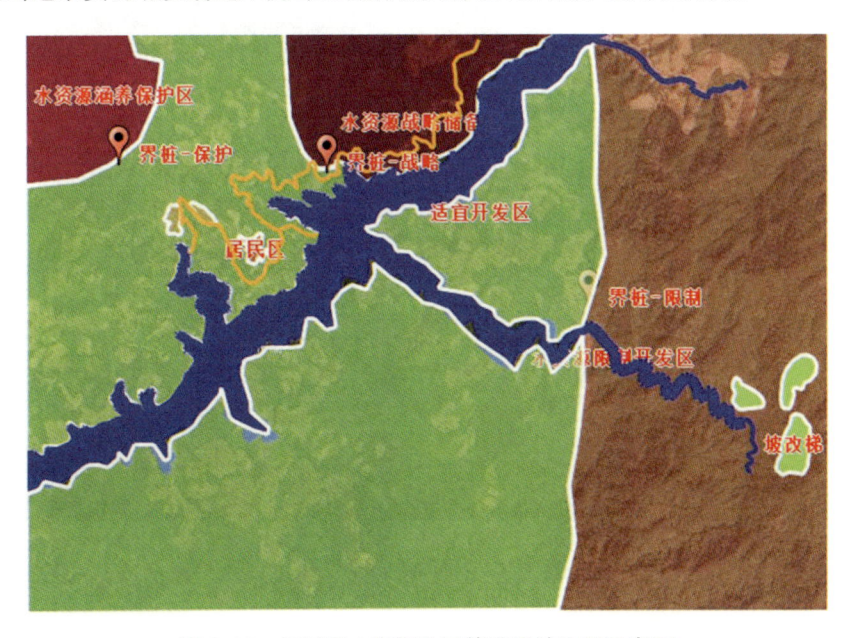

图3.23 红杉区水资源分区管控界桩位置示意图

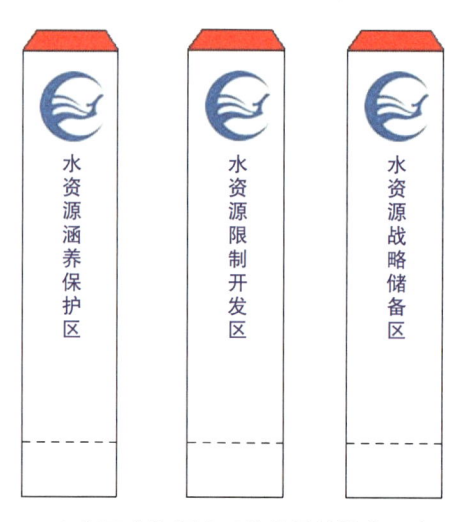

图 3.24　红杉区水资源分区管控界桩样式设计图示例

(4) 坡改梯工程方案

1) 坡改梯工程选址

项目组对南瓦河及其支流红溪地区进行了坡改梯调查,发现该区域很多地方都适合进行坡改梯改造,此次调查小组只选取了 3 个地方作为坡改梯实施点,合计 10hm^2。坡改梯工程的位置如图 3.25 所示,南瓦河支流红溪小流域范围如图 3.26 所示。

图 3.25　坡改梯工程位置示意图(图中斑块)

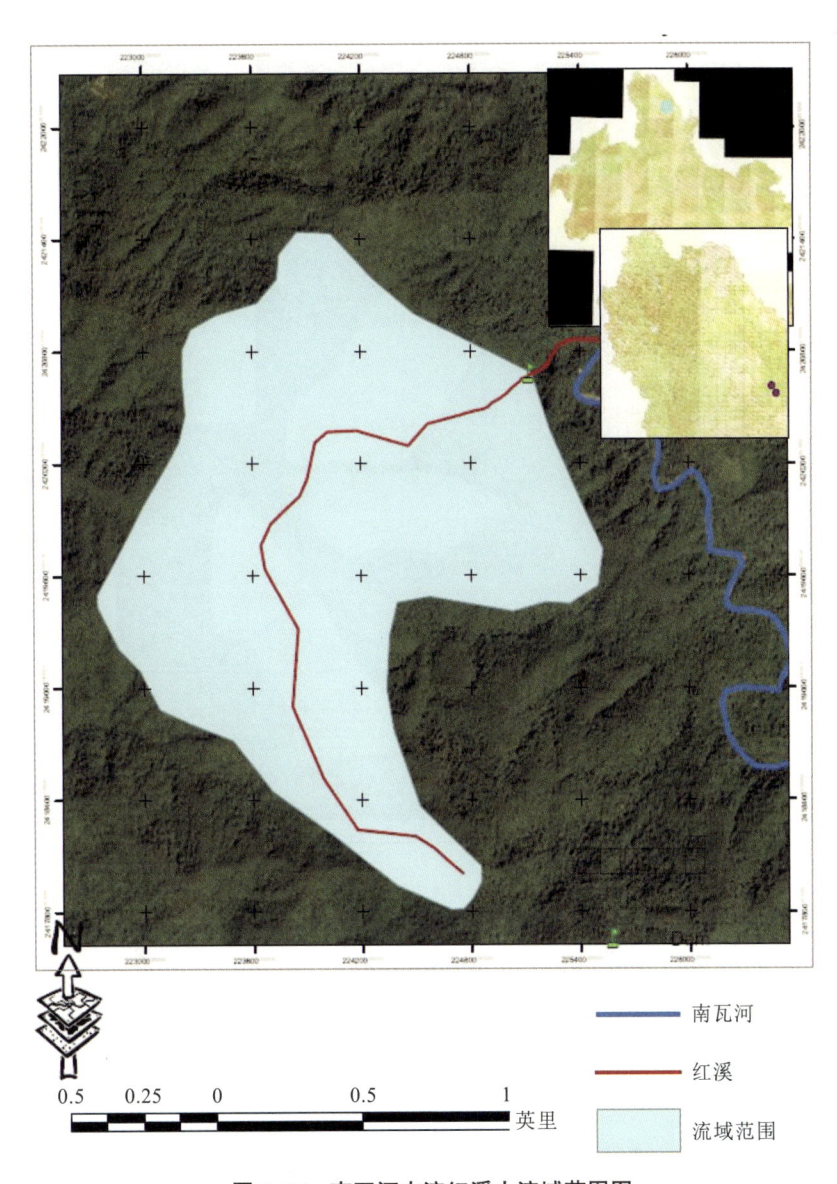

图 3.26　南瓦河支流红溪小流域范围图

坡改梯实施点如图 3.27 所示，踏勘的现场照片如图 3.28 所示，三处坡改梯合计 10hm², 位置具体为：

①村民现种植芝麻的区域，位于南瓦河右岸、红溪北岸；

②在红溪入南瓦河三角洲处，红溪南岸；

③在第②处的对面，南瓦河左岸。

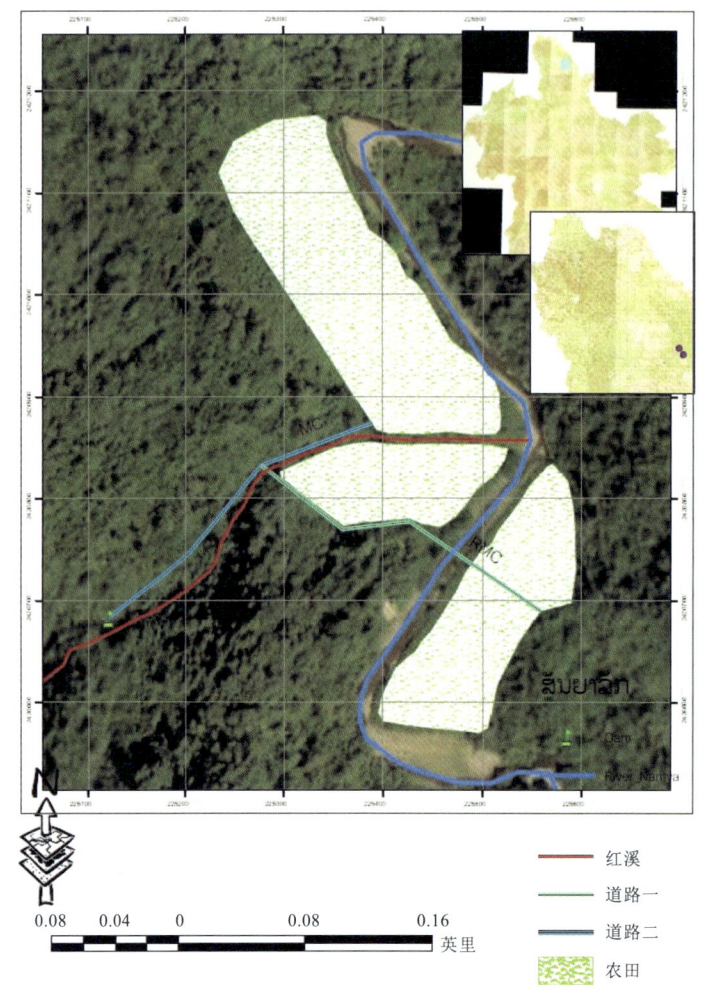

图 3.27　三处坡改梯具体位置图

图 3.28　坡改梯考察工作图

2）坡改梯布置原则

根据项目的建设目标与规模，本项目的治理措施主要布设干砌块石梯坎，需要遵守以下原则：

①因地制宜，综合治理的原则

以外业实地调查资料为依据，充分征求群众意见，尊重群众意愿，按照"近村、近水、就缓、就低"的原则选择地块，因地制宜采取相应的水土保持措施，构建有效的水土流失综合防治体系。在坡改梯建设上，田坎宜土则土，田面宜宽则宽；在坡面水系建设上，要与工程区地貌以及田间耕作道路有机结合，合理规划，科学布置；在田间耕作便道建设上，要充分利用原有的耕作便道，减少工程建设占地。

②突出重点,统筹兼顾的原则

工程区以基础设施建设和梯田建设为重点,配套必要的坡面水系、田间道路等措施。同时在项目布局上,科学规划,合理布局,统筹兼顾,综合治理达效,并充分考虑农村人口结构变化和城镇化进程,把工程建在最需要的地方,避免重复建设,发挥工程最大效益。

③集中连片,规模示范的原则

要充分利用先进的科学技术,集中力量建设示范亮点,积极探索坡耕地水土流失综合治理的技术路线和建设管理模式。促进坡耕地水土流失综合治理的开展,充分发挥示范带头作用。优先安排田面坡度5°~15°坡耕地,按照集中连片、因地制宜的原则,统筹兼顾、突出重点,以便形成规模。

④基础建设,综合配套的原则

在建设内容上,要以加强农业基础设施建设为目标,加强与小型农田水利建设和农艺、农机措施的结合,搞好坡面水系和田间道路工程的综合配套,充分利用工程区雨水集蓄,合理布设提、蓄、排、灌设施,以村为单位,以地块为单元,以基础设施建设和梯田建设为重点,与新农村建设相结合,充分发挥工程系统的综合效益。

⑤挖填平衡、保护表土的原则

在建设内容上,挖、填土石方要尽量平衡,减少施工过程中造成水土流失危害。工程建设过程中要保护表土,避免造成土地生产力下降。

3)坡改梯措施设计方案

①石坎坡改梯工程梯坎设计

ⅰ)因地制宜,布置石坎坡改梯面积325hm^2。

ⅱ)根据合理利用土地资源的要求,地面坡度不得大于25°,重点安排在田面坡度15°以下的缓坡耕地进行综合治理。

ⅲ)工程投资要省,土石方量少,便于耕作。

ⅳ)以水系、道路为骨架建设,树枝状辐射整个工程区,使各图斑梯田工程紧密结合。

ⅴ)梯田应沿等高线呈长条带状布设,坡沟交错面大,地形破碎的坡面,田块布设应做到大弯就势,小弯取直,田面宜宽不宜窄,田块宜长不宜短,尽量做到生土平整,表土复原,当年不减产,可以一次修平,也可分年修平。

②设计标准

依据《水土保持综合治理技术规范坡耕地治理技术》(GB/T 16453.1—2008),防洪标准按10年一遇3~6小时最大降雨量,梯田的断面设计是地面坡度越陡,田面宽度越小,相应的田坎高度越高;坡度越缓则相反。

ⅰ)标准断面设计

根据工程总体布置以及石坎坡改梯工程设计原则,结合工程区实际情况,梯坎断面设计本着经济、省工、省料、占地少、安全稳固、便于工作等原则，合理确定地面宽度和石坎高度，求得优化断面。

ii) 石坎坡改梯断面设计如图 3.29。

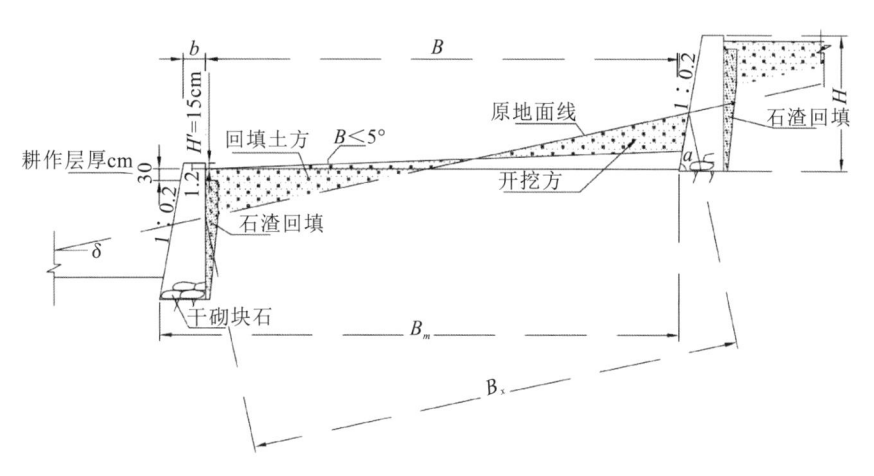

图 3.29　石坎坡改梯断面要素图

iii) 石坎坡改梯平面设计如图 3.30。

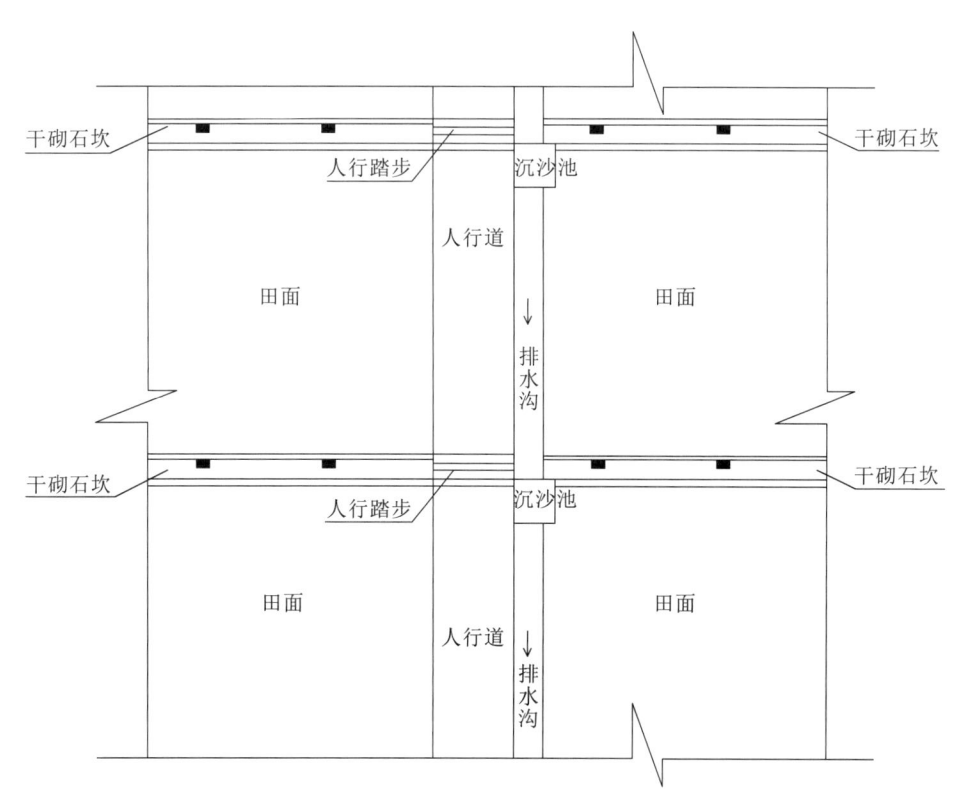

图 3.30　石坎坡改梯平面布置图

iv）石坎坡改梯形式确定

根据当地地形、地质及材料的来源,所有图斑采用石坎坡改梯,根据原地形坡度和现场对原始田埂的测量确定石坎坡改梯一般高 0.6～2m。

v）地面高度及宽度的确定

采用选定梯坎高度的办法计算地面宽度。梯坎高度根据埂坎的稳定要求与周围地形条件来确定,对所修石坎坡改梯区,统一梯坎高度在稳定侧坡允许范围内,对工程安全有较大的保证。石坎坡改梯地面净宽按下式计算：

$$B_m = H \times \mathrm{ctg}\theta b = H \times \mathrm{ctg}\alpha$$

$$B = B_m - b = H \times (\mathrm{ctg}\theta - \mathrm{ctg}\alpha)$$

式中：B_m——地面毛宽,m；

b——梯坎占地宽,m；

B——地面净宽,m；

H——梯坎高度,m；

θ——地面坡度,m；

α——梯坎坡度。

石坎坡改梯地面净宽

$$B_j = B_m - B = H(\cos\theta - \cos\alpha) - b$$

式中：B_m——地面毛宽；

B_j——地面净宽；

b——梯坎顶宽；

H——梯坎高度；

B——梯坎底宽；

θ——地面坡度；

α——梯坎外坡度。

在设计地面宽时,必须考虑坡耕地土层厚度,坡改梯完成后石坎坡改梯表土厚度应大于 0.30m。坡改梯底宽取值详见表 3.2。

表 3.2　　　　　　　　　坡改梯底宽取值表

高度/m	0.50	0.60	0.70	0.80	0.90	1.00	1.10	1.20	1.30	1.40	1.50	1.60	1.70	1.80	1.90	2.00
底宽/m	0.50	0.52	0.54	0.56	0.58	0.60	0.62	0.64	0.66	0.68	0.70	0.72	0.74	0.76	0.78	0.80

f. 梯坎占地率计算

梯坎占地率：

$$N = (b/B_m) \times 100\% = (\mathrm{ctg}\alpha/\mathrm{ctg}\theta) \times 100\%$$

式中：N——梯坎占地率，%。

vii) 石坎坡改梯设计

根据原始埂坎高度、地面宽度，打破地界后布设坡改梯，并对5°～8°、8°～15°田面坡度的坡改梯梯坎作剖面分析，田面宽度根据地面坡度不同设计为3～9m；在梯田内侧设一条底宽0.3m、深0.3m的排水沟；石坎梯田田坎外侧坡比采用1∶0.25，计算出各图斑每条梯坎工程量，并逐图斑进行设计，见图3.31。

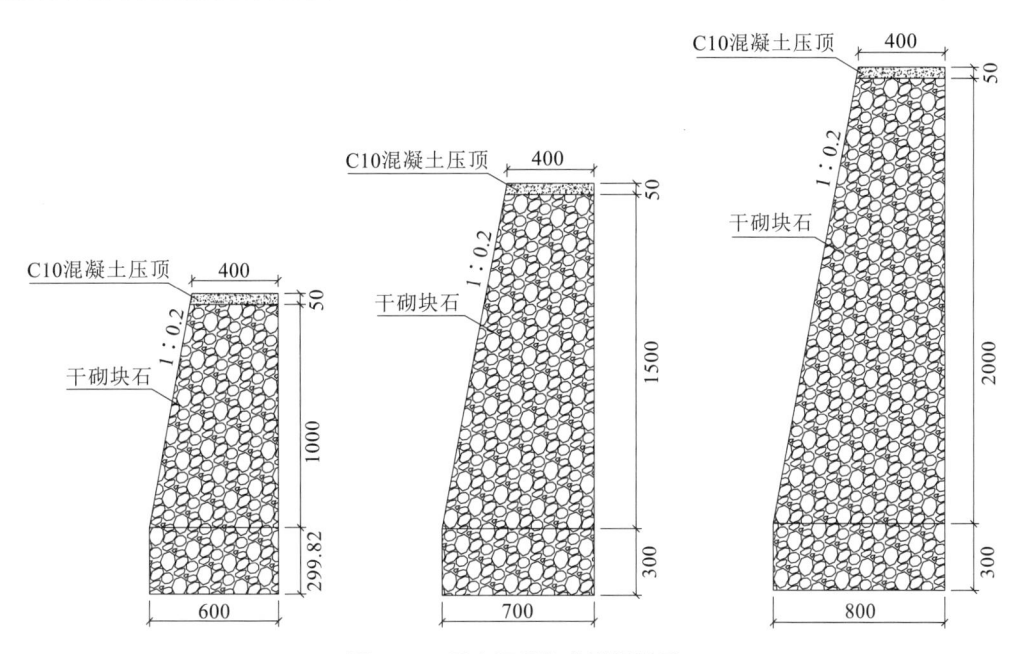

图 3.31 干砌石梯坎典型设计图

viii) 石坎坡改梯工程量计算

本工程工程量采用叠加累计的方法计算。由于工程区实施坡耕地面坡度为5°～15°之间，坡度范围较小，因此，本设计工程量计算方法为：对现场实际埂坎高度、地块宽度进行量测，按照坎高、地块宽度进行归并分类统计，选取典型断面，统计不同坎高的坡耕地面积，然后按照不同坎高的地块宽度计算出不同坎高的埂坎长度，再用不同典型断面的石坎长度乘以单位长度典型断面工程量。

a. 土石方开挖量计算

地面土石方量计算：当地面挖方与填方相等时，设其挖方断面为 S。

$$S=(1/2)(H/2)(B/2)=(B\times H)/8$$

则每 hm^2 土石方工程量为：

$$V=S\times L=(1/8)\times H\times B\times (10000/B)=758H$$

式中：L——每 hm^2 梯田长度（$L=10000/B$）。

b. 土方移运量的计算

$$W = (2/3)VB = (1/12)/B2HL$$

式中：W——单位面积土方移运量

则每 hm^2 土方移运量为：

$$W = (2/3)VB = 833.33/BH$$

根据每条石坎的平均高度对应相应典型设计断面及长度计算出石坎梯田工程工程量，本次设计干砌块石压顶为C10混凝土压顶5cm厚。

ix) 施工技术要点

a. 测量定线，一是要选好能控制整个坡面的基线；二是根据基线按照规划在实地划出埂坎线；三是定挖填分界线，使挖填方能比较平衡，从而节约劳力和机械功能。

b. 修筑埂坎

一是清理基础到石底或硬土层上；二是垒砌石块，选择比较平整的大石块砌在底层和外侧，上层要压住下层石缝，内外上下错缝填筑压实，填筑饱满。较长的石坎，在每10～15m留一沉陷缝。堆砌块石的顺序是：从下向上，先砌大块石后砌小块石，然后填土进行田面平整，通过坎后填膛，平整后的地面30～50cm深以内无石块、石砾，以利耕作。

c. 地面平整

对于坡度较大，改后地面宽度小于10m的梯田采取表土逐台下移法：整个坡面梯田逐台从下向上修，先将最下面一台梯田修平，不保留表土；将第二台拟修梯田田面的表土取起推到第一台田面上，均匀铺好；第二台梯田修平后，将第三台拟修梯田田面的表土取起，推到第二台田面上，均匀铺好；如此逐台进行，直到各台修平。

d. 注意事项

新修好的梯田交付使用时，把维修任务落实到村、社和农户。在汛期和大暴雨后及时检查，发现水毁现象及时维修。对表土层较薄的梯田，挖土部位的底土（母质）应挖深30cm以上，以加速土壤熟化，增加活土层厚度，以利于作物生长。

4) 坡改梯水源工程设计方案

经调查，坡改梯工程的水源选定红溪，管道自水源点至梯田处距离约685米，并且计划进行拦水坝建设、涵管埋设、水渠建设，现场调查情况如图3.32所示。相应水源工程设计图详见图3.33至图3.39。

5) 坡改梯完建情况

坡改梯完建情况如图3.40所示。

第 3 章　澜湄国家典型小流域综合治理示范

图 3.32 坡改梯水源点现场查勘工作组图

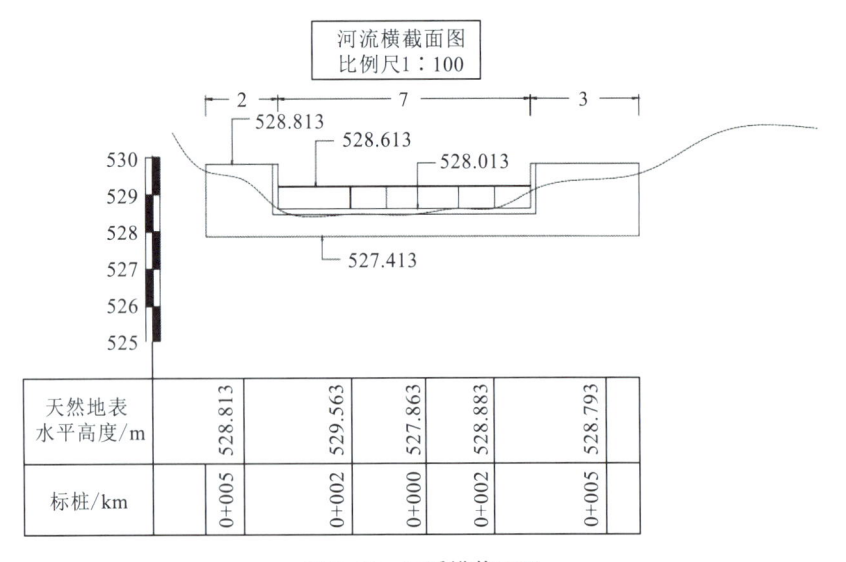

图 3.33 红溪横截面图

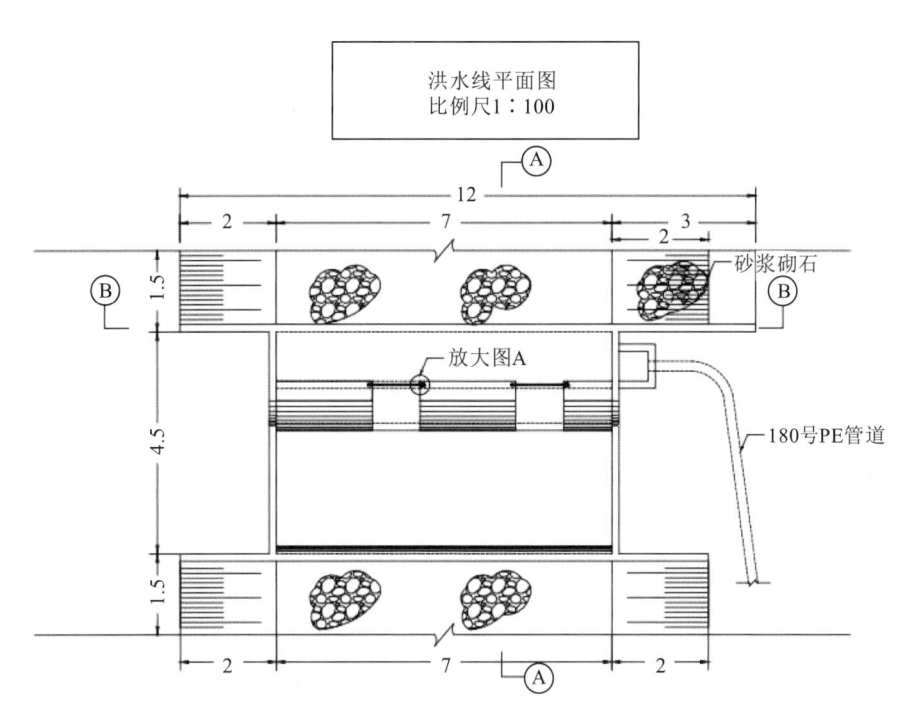

图 3.34 红溪洪水线平面图

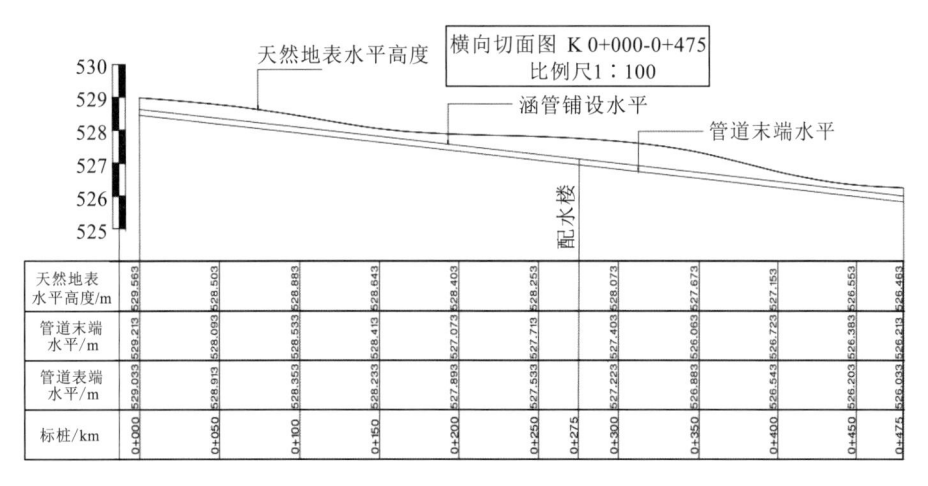

图 3.35 红溪剖面横向图

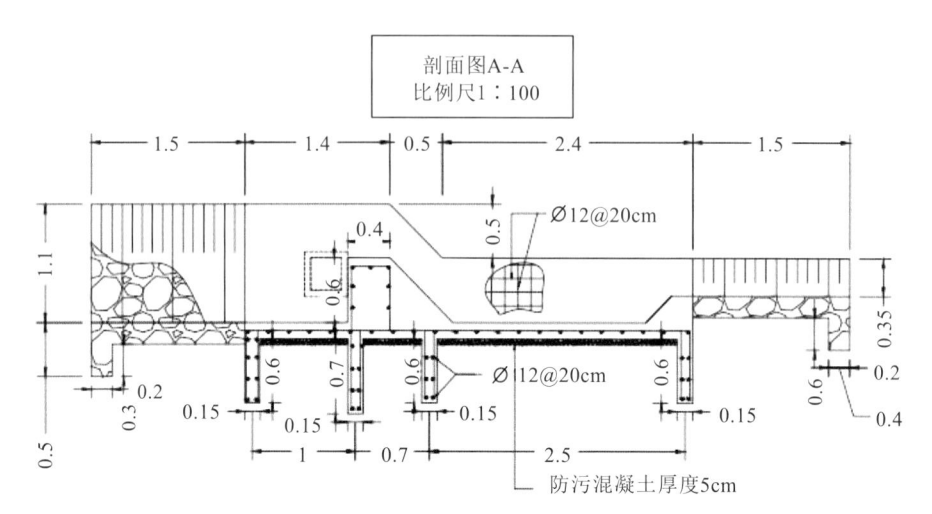

图 3.36　红溪剖面图 A-A

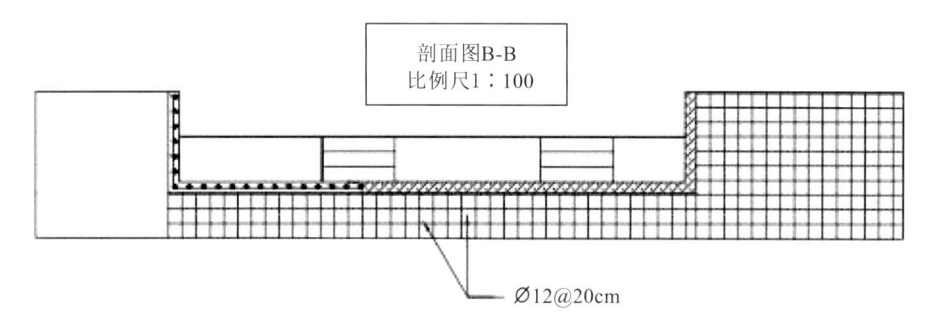

图 3.37　河流剖面图 B-B

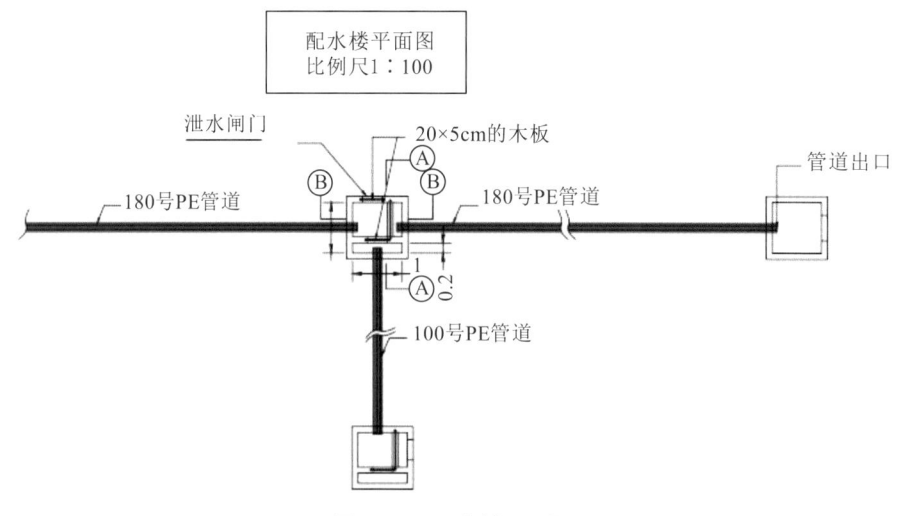

图 3.38　配水楼平面图

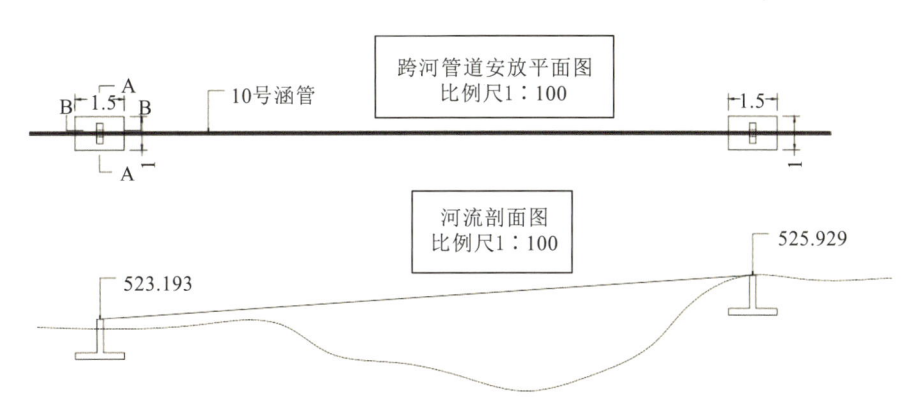

图 3.39　跨河管道安放平面图

图 3.40　坡改梯项目完建图

(5)经果林种植方案

1)经果林选址

结合红杉村村委会需求,项目组委托中国电建集团开展经济果木林选址调查,共分为2个队伍,共调查区域2个,面积合计6公顷,详细如下:

①第1个区域位于村码头以上至12组镇,面积合计3公顷。

②第2个区域位于沿瓦代旧村路边至蒙溪和丰溪之间,面积合计3公顷。

具体位置如图3.41所示。调查组拍摄的现场踏勘照如图3.42所示。

图 3.41 经果林选址处

图 3.42　经济果林探勘现场图

2)经果林选种及培育方案

将治理与开发、生态效益与经济效益相结合,因地制宜种植经济果木林,发展水土保持产业,可促进农村产业结构调整,发展农村经济,增加农民收入。经与当地村民协商,选取上述两块区域共计 6 公顷范围,实施水保林(经果林)种植。该区域原计划种植茶树及橡胶林,经与当地村民沟通,改为种植当地水果树作为经果林,种植品种有杧果树、红毛丹树、龙眼树、橘子树、人心果树、山竹树、柚子树、柠檬树、荔枝树等。

当地每年 5—10 月为雨季,需选取合适的栽种季节以提高果苗的存活率,已于 2022 年 3 月完成经果林的栽种工作。

3)经果林项目完建情况

经果林项目实施过程及完建情况如图 3.43 所示。

图 3.43　经果林移交村民种植过程图

参考文献

[1] 刘凤芹,鲁绍伟,杨新兵,等.3S 技术在小流域综合治理中的应用[J].水土保持研究,2007,14(3):82-84.

[2] 余新晓.小流域综合治理的几个理论问题探讨[J].中国水土保持科学,2012,10(4):22-29.

[3] 张杰,梁海涛.广东省山丘区小流域综合治理思路探讨[J].人民珠江,2015,3:125-127.

[4] 李占斌,张平仓.水土流失与江河泥沙灾害及其防治对策[M].郑州:黄河水利出版社,2004,1-6.

第 4 章　澜湄甘泉行动示范

CHAPTER 4

4.1　饮水安全在国际社会的关注

4.1.1　联合国可持续发展目标 6 重点概述

2015 年召开的联合国可持续发展峰会上,193 个成员国共同达成《改变我们的世界——2030 年可持续发展议程》(Transforming our World: The 2030 Agenda for Sustainable Development),包括 17 项可持续发展目标(Goals)和 169 项具体目标(Targets)。清洁饮水和卫生设施的发展目标排第六,即"目标 6 为所有人提供水和环境卫生并对其进行可持续管理",涉及饮用水(6.1)、环境卫生与个人卫生(6.2)、废水处理和再生利用以及环境水质(6.3)、用水效率(6.4)、水资源综合管理(6.5)、保护和建设与水有关的生态系统(6.6)、国际合作和能力建设(6.a)、参与水和环境卫生管理(6.b)等 8 项具体目标(表 4.1),涵盖整个水循环过程。

表 4.1　可持续发展目标 6 的具体目标

具体目标	内容
6.1	到 2030 年,人人普遍和公平获得安全和负担得起的饮用水
6.2	到 2030 年,人人享有适当和公平的环境卫生和个人卫生,杜绝露天排便,特别注意满足妇女、女童和弱势群体在此方面的需求
6.3	到 2030 年,通过以下方式改善水质:减少污染,消除倾倒废物现象,把危险化学品和材料的排放减少到最低限度,将未经处理的废水比例减半,大幅增加全球废物回收和安全再利用
6.4	到 2030 年,所有行业大幅提高用水效率,确保可持续取用和供应淡水,以解决缺水问题,大幅减少缺水人数
6.5	到 2030 年,在各级进行水资源综合管理,包括酌情开展跨境合作
6.6	到 2020 年,保护和恢复与水有关的生态系统,包括山地、森林、湿地、河流、地下含水层和湖泊
6.a	到 2030 年,扩大向发展中国家提供的国际合作和能力建设支持,帮助它们开展与水和卫生有关的活动和方案,包括雨水采集、海水淡化、提高用水效率、废水处理、水回收和再利用技术
6.b	支持和加强地方社区参与改进水和环境卫生管理

2030年可持续发展目标作为历史上最雄心勃勃的全球发展目标,在执行时必定会遇到挑战。对于大多数成员国来说,最主要的挑战是数据缺口。指标数据的收集、监测水平与展现目标6的发展进度的水平差距较大。由于各成员国的供水现状不一,数据监测水平不一,在指标选择、数据收集、计量方法确定等方面都有差距。2018年《可持续发展目标6 水和卫生设施的综合报告》(Sustainable Development Goal 6 Synthesis Report on Water and Sanitation)揭示,目标6的11个指标中(表4.2),不到一半的成员国可提供所有指标进展的数据,约60%的成员国仅可提供4个以内指标的数据。此外,一些国家的基层实际情况,如政治干预、公共管理、腐败现象、监管失灵,对完成目标6的预期结果也具有较大挑战。

表 4.2　　可持续发展目标6的指标

指标	指标内容
6.1	6.1.1 使用得到安全管理的饮用水服务的人口比例
6.2	6.2.1 使用(a)得到安全管理的环境卫生设施服务和(b)提供肥皂和水的洗手设施的人口所占的比例
6.3	6.3.1 安全处理家庭和工业废水的比例 6.3.2 环境水质良好的水体比例
6.4	6.4.1 按时间列出的用水效率变化 6.4.2 用水紧张程度:淡水汲取量占可用淡水资源的比例
6.5	6.5.1 水资源综合管理的程度 6.5.2 制定有水合作业务安排的跨界流域的比例
6.6	6.6.1 与水有关的生态系统范围随时间的变化
6.a	6.a.1 作为政府协调开支计划组成部分的与水和环境卫生有关的官方发展援助数额
6.b	6.b.1 已经制定业务政策和流程以促进当地社区参与水和环境卫生管理的地方行政单位的比例

为指导各成员国按照发展进程顺利实现目标6,联合国采取了一系列措施。2015年,联合国发布《实施手段:聚焦可持续发展目标6和17》《Means of Implementation: A Focus on Sustainable Development Goals 6 and 17》,从可持续发展目标17(加强执行手段,重振可持续发展全球伙伴关系)提出的资金、技术、能力建设、贸易、政策和机构的一致性、利益攸关方合作关系、数据监测和问责7个方面,探讨了实现目标6成效的可用资源、行动和条件。2020年,联合国发布《SDG 6 全球加速框架》(The Sustainable Development Goal 6 Global Acceleration Framework),通过参与、协调、加速、问责4大行动支柱,大幅改善成员国对目标6的支持,提出融资、数据和信息、能力发展、创新、治理5类加速措施,促进广泛的利益攸关方行动。

自2015年起,成员国每年都参加在美国纽约举办的"可持续发展问题高级别政治论坛"

(High-level Political Forum），评估成员国为实现可持续发展目标所作的努力。2016年始，联合国每年发布《可持续发展目标报告》和《实现可持续发展目标进展情况》，分析发展目标上一年度总体情况与进展方向。最新报告显示，世界没有步入实现目标6的轨道，迫切需要大幅加快目前的进展速度，采取综合全面的方式进行水管理。

4.1.2 国际水行动十年，加快推进饮水安全目标

2018年3月22日，联合国启动了"水资源促进可持续发展"国际行动十年（以下简称"十年行动"），在上一届"生命之水"十年（2005—2015）的成就上，号召采取转变水管理方式的行动。十年行动从2018年3月22日世界水日开始，至2028年3月22日世界水日结束。十年行动的目标更加注重以下方面：(1)水资源的可持续发展和综合管理，以实现社会、经济和环境目标；(2)实施和促进相关方案和项目；(3)促进各级的合作与伙伴关系以帮助实现国际商定的与水有关的目标和指标，其中包括《2030年可持续发展议程》所列的目标和具体指标。

十年行动期间，国际社会将促进可持续发展，推动现有的方案和项目，鼓动人们采取行动，以实现2030年议程。《水行动十年》（2018—2028）指出，通过促进知识的获取和良好做法的交流，改进知识的产生和传播，开展宣传、建立网络、促进伙伴关系和行动，加强交流行动、促进与水有关的目标的实施等4个工作流（work streams），支持成员国达到十年行动目标。

2018年12月20日，联合国大会通过了关于"2018—2028年'水资源促进可持续发展'国际行动十年执行情况中期全面审查"的决议。2020年12月21日，联合国大会通过了"联合国关于2018—2028年'水促进可持续发展'国际行动十年目标执行情况的中期全面审查会议"的决议，决议规定了会议的方式方法。召开区域层面、全球层面筹备会和现有与水有关的会议，确保中期全面审查会议顺利召开。2021、2022年，已举办或将要举办15场区域或全球筹备会议。

4.1.3 世界卫生组织推进饮水安全

世界卫生组织（以下简称"WHO"）作为公共卫生和水质量方面的国际权威，引领全球开展预防水相关疾病的工作，向各国政府提供制定卫生方面的具体目标和管理制度的咨询服务。

WHO制定了一系列水质量方面的准则和指南。最具有国际影响力是2004年WHO以健康为基础的目标发布第1版《饮用水水质准则》（WHO Guidelines for Drinking-water Quality），促进了安全饮用水框架的推出。为适应最新科研进展，2022年，WHO发布第4版《饮用水水质准则》，对一些化学指标值进行了更新、修订，增加了新的化学指标和微生物指标，此外还首次列入雨水收集与储存、政府决策、气候变化等内容，见图4.1，防止因过度城

市化、水源缺乏和气候变化等引发饮用水健康风险。

《饮用水水质准则》中提出了"饮水安全计划"（Water Safety Plans）（以下简称"WSPs"），由系统评估、有效的业务监测、管理与沟通3个关键组成部分，适用于各种类型供水模式，如大型供水模式、小型社区供水模式、家庭供水模式等。WSPs是供水单位安全管理供水的有力管理工具，通过对供水单位进行WSPs应用，不仅可以提高水质合格率，也提高了运行管理水平和应对突发事件的响应速度。

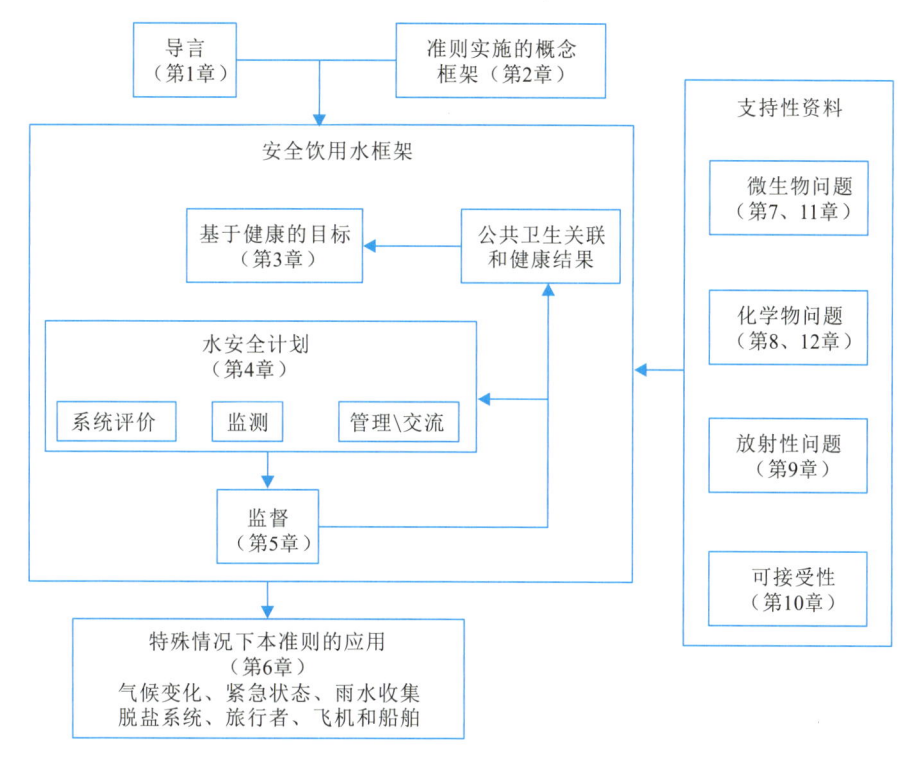

图4.1　第4版《饮用水水质准则》框架

4.2　保障农村饮水安全的中国经验

农村饮水安全事关亿万农村居民福祉。自2000年以来，中国通过三个五年计划先后实施了农村人饮解困工程、农村饮水安全工程、农村饮水安全巩固提升工程，"十四五"进入到农村供水保障阶段。截至2022年底，全国共建成678万处农村供水工程，形成了较为完整的工程体系。农村自来水普及率达到87%，规模化供水工程（城乡一体化和千吨万人供水工程）覆盖农村人口的比例达到56%。

4.2.1　水源工程建设与水质保障

中国地形地貌复杂，农村人口众多，为保障农村居民喝上安全水，因地制宜采取了不同供水模式,主要有以下几种模式。

(1)骨干水源工程

有条件的地区,依托大中型水库、新建中小型水库、引调水工程作为供水水源。比如:

安徽省淮河以北的皖北地区的城乡供水以地下水源为主。由于地下水超采问题突出和地下水中氟、铁、锰等超标问题,皖北地区的农村供水保障水平不高。为此,安徽省因地制宜,优先利用南水北调东线、淮水北调、引江济淮等大型引调水工程作为农村供水工程水源,让皖北地区人民群众喝上水量充足、水质较好的引调水。

甘肃省张家川回族自治县自 2005 年实施农村饮水安全工程,提出"以水源定规模、按地势建工程、规划一次到位、分年组织实施"的农村供水工程建设思路。目前,已建成 6 处跨乡镇的千吨万人供水工程,全县农村饮水工程通村率 100%,入户率 98%以上,供水保证率 100%,水质达标率 90%以上,农村居民 24 小时都可用上洁净自来水,农村供水保障处于全国领先水平。

(2)地下水勘探及采集

有的地区地表严重干旱缺水,地下水资源丰富,可以通过地下水勘探技术采集地下水作为供水水源。比如:

贵州省老百姓常说"地表水贵如油,地下水滚滚流"。贵州省处于世界三大岩溶发育区之一的东亚片区中心,岩溶山区的地下水资源丰富,但都以地下暗河的形式埋藏在地下深部。为解决地下水开发利用率低的供水瓶颈,2007 年,贵州省实施《贵州省地下水资源勘查与开发利用专项规划》,开始大规模勘查开发地下水资源。例如大方县开发利用朱仲河地下水,解决了 1 个集镇 4 个村 15386 人的饮水问题;威宁县开发利用花岩洞岩溶大泉群地下水,解决 2 个集镇 13005 人农村人口和 35364 头牲畜的饮水问题。2007 年至 2015 年,共实施机井 4573 口,成井 3712 口,为约 540 万农村人口提供了清洁可靠的饮用水源。

(3)傍河取水

有的大型河流流经的地区,可以通过傍河取水技术采集利用含水层过滤净化的河水作为供水水源。

傍河地区水源地可以利用含水层本身的调蓄能力来调节河水缺水时节的供水量,同时利用含水层来过滤净化河水,具有富水性强、埋藏浅、易集中开采和管理等优点。目前傍河取水技术已应用在中国黄河、松花江等水资源的开发利用中。

1987 年以来,禹门口冲积扇、连伯滩、西范滩和蒲州滩等傍河水源地相继得到开发利用。山西铝厂在面积 20km^2 的禹门口冲积扇上,沿黄河 6km 长的岸边打井 15 眼,年取水量 2756.23 万 m^3。河津电厂在面积 40km^2 的连伯滩取水,沿河岸 10km 长的地段打井 27 眼,年取水量 4370 万 m^3。西范电灌站在面积 15km^2 的滩地打井 13 眼,年取水量 6205 万 m^3。1995 年永济市和运城市在面积 24km^2 的蒲州滩打供水井,年取水量 5400 万 m^3。

(4)雨水集蓄利用

有的地区雨水是重要的淡水水源之一,存在季节性水量不足的问题,通过修建水窖、水柜收集雨水作为供水水源。比如:

甘肃省安定区历年饮水困难,遇到干旱季节,村民要到10km外拉水。自1995年实施雨水集流工程,建设水窖收集雨水项目,极大改善了村民的生活和生产条件,在节约拉水费用的同时,发展节水灌溉技术种瓜果蔬菜,增加收入,解决温饱问题。

广西壮族自治区大石山区属于岩溶地貌,土壤保水性差,地下水埋藏较深,可利用的水资源十分有限。1980年开始,创造性地大力兴建家庭水柜,有效解决了当地农村群众生产生活用水困难问题。经过几十年的实践经验,大石山缺水地区兴建水柜工程是当地群众解决饮水困难问题的最有效方法。各地在长期的生产实践中不断对水柜工艺加以改进,从无盖板到有盖板,从无过滤设施到有沉淀池、砂石料或滤网过滤的简易沉淀过滤设施,不断提高农村居民的饮水安全水平。

为进一步满足农村居民稳定饮用水的需求,促进经济社会发展,水利部发布《全国"十四五"农村供水保障规划》,指出要加强中小型水库等稳定水源工程建设,强化水源保护。水源工程建设包括实施稳定水源工程建设和设置水源保护措施两个方面。稳定水源工程建设有两个优先,一个是优先使用大中型水库和引调水工程作为农村饮用水水源,一个是优先选择水质良好、水量充沛、取水和输水成本较低、便于保护的水源。水源保护措施需要先划定水源保护区或保护范围,再设置围栏和警示标识,开展环境综合治理。

水质保障是农村供水的核心。从"十一五"开始,就提出了保护饮用水水源、建设农村饮用水水质检测机制的发展方向,"十二五""十三五"期间,生态环境部门和水利部门统筹推进千人以上供水工程水源保护区或保护范围的划定;推动建立具备《生活饮用水卫生标准》(GB 5749—2006)常规水质指标检测能力的县级农村供水水质卫生检测和监测体系。经过15年的建设,中国初步建立了包括水源保护、水质净化消毒、水质检测监测的从"源头"到"龙头"的农村供水水质安全保障体系。目前,农村千吨万人供水工程水源保护工作已基本见效,贫困地区实现了农村集中供水工程水质监测全覆盖,饮水型氟超标和苦咸水等突出水质问题通过水源置换、净化消毒、易地搬迁等措施得以解决。

在主要水质问题的解决上,经过长期合理规划,实施有效技术措施,中国饮用水血吸虫超标、饮水型砷超标、饮水型氟超标、苦咸水等水质问题基本得到解决。

(1)解决饮用水血吸虫问题

水是血吸虫病传播的重要环境。新中国成立初期,血吸虫病广泛流行于长江流域及其以南的江苏、浙江、安徽、江西、福建、上海、湖南、湖北、广东、广西、云南、四川等12个省份。中国将水利血防工作作为血吸虫病防治工作的重要组成部分,20世纪50年代开始,编制规划方案,提出水利灭螺规划,经过50多年的防治,浙江、福建、上海、广东、广西5个省份消灭了血吸虫，其余7个省份达到传播阻断标准。21世纪初，针对血吸虫病疫情回升显著，钉螺扩散明显的严峻形势，国务院下发了《关于进一步加强血吸虫病防治工作的通知》《全国预防控制血吸虫病中长期规划纲要（2004～2015年）》，确定了治理目标，水利部组织长江水利委员会会同7个疫区省份分两期编制规划，要求结合水利部编制的同期农村饮水安全应急工程规划、全国农村饮水安全工程规划，优先安排疫区内农村饮水安全工程建设项目，确保全部解决规划内疫区农村饮水安全问题，保障疫区群众饮水安全。据统计，"十一五"期间，已查明的血吸虫疫区832万人的饮水安全问题全部得到解决。

（2）解决水质超标问题

水质超标一直是制约农村饮水安全的瓶颈问题。受水文地质条件影响，中国高氟水、高砷水、苦咸水分布较广，严重影响着群众的生存、身体健康和正常生活。2005年，国家发展改革委、水利部和原卫生部决定编制并实施《2005～2006年农村饮水安全应急工程规划》，提出解决中重度氟超标及砷超标1131万人，苦咸水200万人，根据饮用水中有害物质超标程度不同、危害程度不同以及有关技术规定将规划要解决的水质不安全问题进行了轻、中、重分级，分期解决。2018年，水利部会同卫生健康委发布《关于做好饮水型氟超标地方病防治工作的通知》，要求各地全面摸清氟超标人口底数，科学制定实施方案，加大资金投入，强化改水工程管理管护，确保到2020年底基本完成饮水型氟超标地方病防治工作。2020年，水利部会同财政部下达苦咸水改水任务专项资金16.01亿元，要求仍存在农村苦咸水问题的甘肃、内蒙古、吉林、河南、山西、宁夏等6个省份在2020年底前全面完成苦咸水改水任务。处理高砷水、高氟水和苦咸水的技术有混凝沉淀法、离子交换法、吸附法、膜分离法、生物法等方法，各地应因地制宜选用适宜方法。据统计，"十三五"期间，有关省份通过水源置换、净化消毒、易地搬迁等措施解决了1095万农村居民的饮水型氟超标和苦咸水问题。

4.2.2 工程投融资管理模式

中国农村供水工程运营管理模式有专业供水企业运营、个人承包或运营、村委会代理运营等多种方式，管理水平参差不齐。为不断提高农村供水工程的服务水平，国务院相关部门出台保障性政策。水利部根据农村供水发展需求，从明确主体、压实责任、强化监管等方面先后出台《水利部关于加强村镇供水工程管理意见》《水利部关于建立农村饮水安全管理责任体系的通知》《农村供水工程监督检查管理办法（试行）》《水利部办公厅关于加快推进农村供水工程水费收缴工作的通知》等文件。2021年，水利部等9部委联合印发《关于做好农村供水保障工作的指导意见》，提出发挥部门合力，做好农村供水保障工作。

长期稳定的投资建设可以不断提高农村供水保障水平。中国启动大规模农村饮水安全工程建设初期，农村供水建设投资主体主要是中央和地方财政，其次为群众自筹，社会融资金额所占比例较少。2005—2015年，农村饮水安全工程建设共计完成投资2816.79亿元，其中,中央投资1824.51亿元,地方配套921.66亿元,群众自筹和社会融资70.62亿元,分别占64.8%、32.7%和2.5%。中央资金重点扶持中西部地区,特别是针对困难地区,优先安排,加大支持力度。农村供水工程具有明显的公共特点,加之工程建设投资大,维修管护频繁,收益较低,需要多渠道筹集资金、创新融资模式。为保障农村供水工程建设资金,水利部鼓励政银企合作,积极使用联合国儿童基金会、世界银行、英国国际发展署、国际复兴开发银行等国际贷款和赠款开展农村饮水工程建设。2016年开始,中央财政资金退出主导地位,鼓励地方多渠道筹措资金,"十三五"期间地方投资及群众自筹建设资金占总建设资金的80%以上。2021年,地方债券、社会融资、银行信贷等其他用于农村供水工程建设资金占总建设资金的70%。国家开发银行与地方政府密切合作,积极支持农村供水工程建设,不断完善融资机制,形成了PPP模式和项目自身收益平衡模式等适合项目特点的融资模式(表4.3),2015—2021年间,累计发放农村供水项目贷款476亿元,惠及6000万农村居民。

表4.3 国家开发银行支持农村供水主要融资模式

序号	融资模式	主要特点和适用范围
1	PPP模式	主要适用于水费收入较低的供水项目,一般由政府主导实施,项目自身有一定收益,但不能完全覆盖贷款利息,需要政府给予一定财政补贴
2	项目自身收益平衡模式	主要适用于具有一定水费承受能力的地区,通过合理规划,推动政府整合项目,依托省级或市县级市场化融资主题统一实施、统一融资,配套合理水价水费收缴及财政补贴政策,基本实现财务平衡

近年来,中国在创新融资模式、助推农村供水规模化发展方面做出积极探索。不少地方普遍将城乡供水一体化与规模化工程建设作为申请金融信贷资金和吸引社会资本参与的项目载体;大量金融信贷资金和社会资本的注入,也已成为农村供水工程建设尤其是推进城乡供水一体化和规模化发展强劲的助推动力。例如:在"十三五"期间,在中国的江西省,省水投集团筹集资金8亿元,推进38个县城乡供水一体化工程巩固提升;同时向世界银行贷款2亿美元,在8个县实施城乡供排水一体化建设;中国水务集团斥资12.76亿元推进新余市城乡供水工程建设。又如,甘肃省政府与国家开发银行签订战略合作协议,以省水务投资公司为平台申请贷款,推动17个县区的城乡供水一体化发展;安徽省阜阳、宿州、亳州、淮南等市申请政策性金融贷款约40亿元,推进农村自来水全覆盖。

4.2.3 社会化服务体系

中国有9亿农村居民,提高农村饮水安全和供水保障水平让亿万农民真正得到了实惠。"便捷的饮水条件大大减轻了农村居民拉水挑水的繁重劳动,减少了取水时间,解放了农村劳动力,改善了生活条件。"越来越多的农村家庭用上自来水,购置了洗衣机、太阳能热水器等设备,有条件的地区用上独立卫生间,极大改善了农村居民的生活卫生水平。

4.2.3.1 运行管理模式

中国目前采取下述了5种模式开展社区供水的管理。

(1)专业公司运行管理模式

乡镇范围内小型农村供水工程较多的地区,组建乡镇供水公司,由公司统一管理乡镇范围内所有农村供水工程。统一聘用工程管理人员,统一培训,制定统一的规章制度。这种模式的优点是确保工程始终有人管护和监督,出现问题时能够及时解决,且公司可以采取评比的形式调动管理人员的积极性。

(2)专管机构直接运行管理模式

部分以规模化工程为主、小型工程为辅的县,采取由专业机构直接管理的模式。县级专管机构管理统筹使用县级维修养护经费,对小型工程进行适当补贴。县级专管机构统筹负责管网和计量设施的管理,制定水价政策,定期培训运行管理人员,并对工程进行监督。

(3)委托运行管理模式

如果区域内有规模化专业管理的大中型供水工程,附近的小型工程可委托此类工程进行管理。采用这种管理模式,最大限度地缩减了小型工程的运行管理成本。

(4)供水协会运行管理模式

由政府出面组织成立供水协会,对小型农村供水工程进行比较专业的管理,从而解决村与村之间的用水矛盾和运行管理水平差异的问题,提高运行管理水平。此类管理模式对政府组织能力和人员的协调能力要求较高。

(5)承包经营运行管理模式

在不改变工程所有权的前提下,由产权所有者将经营管理权以合同方式委托给承包者。既落实了管理责任,又较好地解决了工程维护不到位、服务水平低的问题。此模式实施实践显示,当地政府要落实好水价政策,使工程保本微利运行,从而使承包者更好地对工程进行运行管理,同时也不能放松对承包商的监管。

4.2.3.2 社会监督

水利部采取一系列措施,确保农村供水工程"有人管",不断提升农村供水服务水平。一是将"三个责任""三项制度"的责任人和电话在当地媒体或网站上进行公布,同时设立公示栏,明确责任人、联系电话、职责。二是开通12314监督举报平台热线,发挥社会监督作用,加大对工程安全规范运行的监管。同时,要求省、市、县三级逐级开通农村饮水安全举报监督电话,畅通群众举报通道,对发现的问题建立清单和整改台账,紧盯整改,确保件件能落实,事事有回音。三是指导各地向农村供水居民发放农村饮水安全用水户"明白卡",村民遇饮水安全问题时,可及时拨打监督服务电话。

4.2.3.3 培训与帮扶

水利部门高度重视农村供水技术培训相关工作,从中央层面来讲,水利部农村水利水电司(原农村水利司)每年以会议及现场培训、实地观摩、发放培训教材、远程视频培训或录制培训视频等多种形式对各省(自治区、直辖市)农村供水主管部门主要负责人和技术骨干进行培训;也会协调水利部人事司将农村供水相关培训内容纳入年度培训计划中。培训主题涉及工程建设及管理相关标准及规范要求、饮水安全脱贫攻坚技术、水源保护、水质保障、水质检测、供水自动化与信息化相关技术等。全国29个有农村供水工程建设任务的省(自治区、直辖市)及下辖县也结合区域地形和供水工程的主要特点和多样化需求,组织开展了包括讲座、现场参观、观摩、实操等形式的培训活动。中国水利教育培训网等网络平台也有农村供水相关教学视频和教学资源。

通过十余年、成规模、各层级的技术培训,培养了大批农村供水的专业骨干和管理人才,农村供水的人才队伍建设已经初具雏形,上自中央和各省(自治区、直辖市),下至各市、县,从规划、设计到运行、管理,农村供水各级各类人才梯队搭建取得显著成效,培养的人才在现阶段和未来农村供水工程建设与管理中正在和将会继续发挥巨大作用。

针对基层人才培养存在的突出问题,在水利部党组的领导下,组织搭建"政行企校"协作机制,依托当地水利职业院校,采取"定向招生、专班培养、定向就业"方式培养基层人才,有效推动了包括农村供水专业人才在内的基层水利人才队伍的建设。一是牢固树立科学的人才工作理念。引进培养急需人才,贴心服务留住人才,放手大胆使用人才,建立人才开发培养的绿色通道。二是积极推广订单式水利人才培养新模式。加大本乡本土大学毕业生培养选拔力度,统筹实施"送教上门"、"菜单式"等精准化培训。三是不断创新基层人才引进机制。积极探索以技术咨询、讲学授课、短期聘用、技术合作、项目聘用等方式引进人才和智力,推动建立和完善引进人才的奖励资助制度、工作和生活保障制度。四是建立科学有效的基层人才评价机制,加大爱岗奉献表现、实际工作业绩、基层工作年限等评价权重,推行建立"定向评价、定向使用"的基层高级职称评聘制度。五是健全完善基层人才激励机制。拓展基层水利专业技术人才职业发展空间,落实艰苦边远地区津贴制度等政策,把考核评价结果与激励保障措施直接挂钩。

4.2.4 法制及政策保障体系

《中华人民共和国水法》《中华人民共和国水污染防治法》《中华人民共和国刑法》《中华人民共和国物权法》《中华人民共和国质量法》《中华人民共和国环境保护法》、《水污染防治行动计划》等法律法规都对饮水的安全做出了相关规定。为加强农村饮水安全工程建设管理,国务院有关部门和地方省级政府出台农村饮水安全的政策文件20余件,出台国家标准、行业、地方和团体标准30余个,有效指导和规范了各地农村饮水工程的建设和运行管理。

4.2.4.1 规章制度

全国开展农村饮水安全工程"十一五"、"十二五"规划和"十三五"农村饮水安全巩固提升规划实施之初,均由发改委联合水利部等相关部委联合发文,以文件形式确定重点任务,明确中央补助资金分省规模,分解年度和市级、县级规划的目标任务。例如,2016年启动实施的"十三五"农村饮水安全巩固提升规划重点明确了3项重点任务:加强供水工程改造与建设、强化水源保护与水质保障、健全完善工程良性运行机制。

除关于规划实施的文件外,其他关于农村供水的综合性规章制度主要是关于农村供水工作的责任落实和考核等方面的。2019年,《水利部关于建立农村饮水安全管理责任体系的通知》出台,该文件明确要求各地要全面落实"三个责任"和健全完善"三项制度"。该文件的主要内容包括三项:①必须建立健全农村饮水安全管理责任体系,全面落实管理机构、人员和经费,全面落实农村饮水安全管理"三个责任",施行地方行政首长负责制,将"省负总责、市县抓落实"层层落实,政府承担主体责任,行业承担监管责任,供水单位(水厂)承担运行管理责任;②健全完善农村饮水工程运行管理"三项制度",使得农村供水工程有人管、有政策支持、有经费保障;③创新农村饮水工程管理模式,明晰工程的所有权、经营权和管理权。2017年,水利部联合发改委、财政部、卫生计生委、环境保护部、住建部发文,印发《农村饮水安全巩固提升工作考核办法》,首次建立了农村供水工作的考核机制和依据,考核内容包括责任落实、建设管理、水质保障、运行机制四个方面,考核指标共计17项。

4.2.4.2 标准

中国已经初步建立形成了农村供水的标准体系,其中现行直系标准有4项,相关标准有20余项。

直系标准如表4.4所示。

表4.4 中国农村供水直系标准

序号	类别	名称	编号	说明
1	综合	生活饮用水卫生标准	GB 5749—2006	国家标准,强制性标准
2	规划设计	村镇供水工程设计规范	SL 687—2014	行业标准,2019年已将3部标准合为1部标准《村镇供水工程技术规范》(SL310—2019)
	施工验收	村镇供水工程施工质量验收规范	SL 688—2013	
	运行管理	村镇供水工程运行管理规程	SL 689—2013	
3	评价	农村饮水安全评价准则	T/CHES 18—2018	团体标准,政府采信
4	水价	农村集中供水工程供水成本测算导则	T/JSGS 001—2020	团体标准,政府采信

部分相关标准如表4.5所示。

表4.5　　　　　　　　　　中国农村供水部分相关标准

序号	类别		名称	编号	说明	批准部门
1	综合		给水排水制图标准	GB/T 50106—2001		住建部
2	规划设计	前期	城市给水工程规划规范	GB 50282—98	暂收录	住建部
3			室外给水设计规范	GB 50013—2006	适用于规模较大的城乡一体化供水工程	
4		工艺	镇(乡)村给水工程技术规程	CJJ 123—2008		
5			含藻水给水处理设计规范	CJJ 32—2011		
6			高浊度水给水设计规范	CJJ 40—91		
7		单体	城镇给水厂附属建筑和附属设备设计标准	CJJ 41—91	适用于城镇水厂,需要修订	
8			机井技术规范	GB/T 50625—2010		
9			供水管井技术规范	GB 50296—99		
10		结构	给水排水工程管道结构设计规范	GB 50332—2002		工程建设标准协会
11			给水排水工程构筑物结构设计规范	GB 50069—2002		
12			给水排水工程钢筋混凝土水池结构设计规程	CECS 138:2002		
13			给水排水工程水塔结构设计规程	CECS 139:2002		

4.2.4.3　地方规章

据统计,截至2020年底,全国已有19个省份和新疆生产建设兵团出台了涉及村镇供水的地方性法规和政府规章,对规划建设、资金管理、供用水管理、水质保障等做出了规定,见表4.6。

表4.6　　　　　　各省份出台农村供水法规规章及规范性文件情况

序号	省份	名称	出台时间	实施时间
1	河北	河北省农村供水用水管理办法	2016年11月28日	2017年2月1日
2	内蒙古	内蒙古自治区农村牧区饮用水供水条例	2010年12月3日	2011年1月1日
3	吉林	吉林省农村水利管理条例	1995年10月20日	1995年10月20日
4	江苏	江苏省城乡供水管理条例	2010年11月19日	2011年3月1日
5	江西	江西省农村供水条例	2020年3月27日	2020年6月1日

续表

序号	省份	名称	出台时间	实施时间
6	福建	福建省城乡供水条例	2017年7月21日	2017年10月1日
7	重庆	重庆市村镇供水条例	2016年11月24日	2017年5月1日
8	四川	四川省村镇供水条例	2013年11月28日	2014年1月1日
9	陕西	陕西省城乡供水用水条例	2008年7月30日	2008年10月1日
10	甘肃	甘肃省农村饮用水供水管理条例	2015年9月25日	2016年1月1日
11	辽宁	辽宁省农村水利工程管理办法	2012年4月21日	2012年6月1日
12	浙江	浙江省农村供水管理办法	2012年11月17日	2013年1月1日
13	安徽	安徽省农村饮水安全工程管理办法	2012年2月29日	2012年5月1日
14	山东	山东省农村公共供水管理办法	2009年6月22日	2009年8月1日
15	湖北	湖北省农村供水管理办法	2013年7月8日	2013年9月1日
16	宁夏	宁夏自治区农村饮水安全工程管理办法	2014年9月16日	2014年12月1日
17	新疆	新疆维吾尔自治区农村饮水工程管理办法	2007年8月22日	2007年10月1日
18	青海	青海省农村牧区饮水安全工程运行管理办法	2018年4月9日	2018年4月11日
19	兵团	兵团农村饮水安全巩固提升工程建设管理办法	2017年10月7日	2017年10月7日

4.2.5 技术保障体系

水利部的农村水利水电司作为全国农村供水的水行政主管单位,从业务上管理和指导各省水利厅开展相关工作。近年来,重点开展了全面解决贫困人口的饮水安全问题,基本完成饮水型氟超标改水任务,持续提升农村饮水安全供水保证率,稳步提升农村饮水安全水质达标率,推进农村饮水安全工程规范化管理,加大中央补助资金投入力度,建立对县级和农村供水工程的明查暗访机制,开展农村饮水安全中长期发展战略研究等工作。

中国也非常重视农村供水相关技术研发,农村饮水科技项目随着农村饮水安全工程建设进程而发展。科技项目的来源包括科技部、水利部、财政部等部委,有国家层面的,也有行业层面的,国家层面的科技项目包括:国家科技支撑计划、国家重点研发计划、水体污染控制与治理科技重大专项、农业科技成果转化资金项目等。通过十余年研究,形成了一大批适宜中国国情和水情的先进实用技术、模式与设备,有力支撑了农村饮水安全工程建设与管理。

"十一五"以来,国家和行业逐步重视在农村供水技术推广方面的投入力度,重点是针对基层技术力量薄弱和管理水平较低的中西部地区,从规划层面中要求将所需资金纳入到中央和地方财政预算,并开展省、市、县多层级的技术推广和实用技术示范。

(1)多种形式,拓渠道促推广

在加快农村供水科技成果推广应用方面,技术支撑单位主要通过承担农业科技成果转化项目、水利科技推广计划项目、水利技术示范项目、开展技术监督等多种方式来加快农村供水技术的推广应用。主要形式包括:技术推介、现场观摩、科技培训、科普宣传、展览展示、建立新技术示范工程或示范园区以及发布信息年报等。

(2)技术示范,实现以点带面

充分利用各类国家级、省部级技术研发与应用项目、水利科技推广和水利技术示范项目,以及地方各类科技推广计划,选择符合产业转型升级方向、先进适用的供水技术与产品,在重点工程和典型区域开展示范应用和推广。

(3)指导推广,发挥辐射效应

部级层面不断加强科技成果供给与应用的有机衔接,推动优秀成果在工程建设与管理中应用。中央和地方水利部门在农村供水方面组织实施了多项水利科技推广项目。从中央层面来讲,项目分为重点项目和自由申请项目,面向全国水利行业,也鼓励水利行业外的高校、研究院和有关企业参加;自2007年开始,每年定期发布水利先进实用技术重点推广指导目录来指导行业发展,每年均有农村供水科技成果纳入。

我国农村供水行业的技术保障工作初见成效:①建设高素质科技人才队伍;②完善技术市场,拓展服务领域;③完善"产—学—研"合作模式,促进科研、教育、应用的有效结合。

4.2.6 应急保障体系

突发事件下的农村供水问题直接关系到农村居民的生死存亡和社会稳定,属于重大的民生保障问题。通过2005至2015年的农村饮水安全建设,我国大多数农村地区已被集中式供水覆盖,农村供水保障水平大幅改善,抵御干旱等自然灾害的能力得到显著提升。

以2008年四川省汶川县为例。2008年5月12日,四川汶川发生8.0级强烈地震,此后余震不断,灾区城乡供水设施普遍震损严重,农村及城镇面临严峻的供水问题。5月15日,水利部原农村水利司、水资源司与灾区水利部门牵头组建供水保障组。供水保障组在第一时间印发了《关于进一步做好地震灾区应急供水保障工作的紧急通知》(水农〔2008〕161号),制定了《四川省抗震救灾应急供水保障工作方案》。全国四支水利抢修队伍共35批200多名专家和技术人员按行政区划对口负责灾区,分别承担重灾区供水设施的抢修任务。供水保障组制定了面向重灾区重点县的供水保障对策:首先满足应急供水,然后修复震损供水设施,并注重应急抢修与灾后重建的衔接。根据震后应急供水行动的需要,供水保障组紧急组织专业技术人员编制了《抗震救灾灾民安置点应急集中供水技术方案》,作为应急供水的技术指南。随即编印了5万份《抗震救灾饮水安全应急常识》卡片,分发灾区,普及饮水安全知识,提高群众自我保护意识,防止灾后介水传染病的传播。同时,根据国务院抗震救灾总指挥部部署,环境保护部制定了《地震灾区集中式饮用水水源保护技术指南(暂行)》《地震灾区饮用水安全保障应急技术方案(暂行)》《地震灾区地表水环境质量与集中式饮用水水源监测技术指南（暂行）》，指导地震灾区加强饮用水水源保护。

在应对特大自然灾害中，水利部按照党中央、国务院的指示精神，由部领导亲临现场、精心研究部署，调动各方力量，全力组织救灾，有效应对了 2008 年汶川特大地震等自然灾害，最大程度上保障了农村应急供水和农村饮水安全灾后重建，不仅没有影响全国农村饮水安全建设目标任务的如期完成，而且有效降低了灾害影响，促进了受灾地区人民生产生活的快速恢复。

农村饮水安全的潜在风险隐患除地震灾害外，还有洪涝灾害、干旱灾害、低温冰雪灾害、突发水质污染、供水设施意外损坏和水源水质人为破坏等。农村应急供水保障体系是保证在应急情况下农村群众饮水安全的重要措施。各地吸取 2008 年四川汶川地震救灾供水保障的经验教训，依据《国家突发公共事件总体应急预案》《突发公共事件应急条例》《国家防汛抗旱应急预案》等法律法规，结合当地实际，完善建立制定农村供水应急保障机制，编写农村供水安全应急保障预案，明确组织机构与职责，提高预防、预警和应急响应能力，做好灾后处置工作。国家层面，从行业标准和团体标准进行支撑，不断加强应急能力建设。《村镇供水工程技术示范》（SL310—2019）要求供水单位制定供水应急预案，依托规模较大的水厂、供水站或供水公司建设应急保障能力，加强对运行管理人员应急处置业务培训。正在编制的团体标准《农村应急供水保障技术导则》，进一步推进农村应急供水保障水平。

应急供水保障技术是农村应急供水保障体系的核心。重大灾区救灾时，在水量方面，最低用水量主要包括饮用、做饭、刷牙漱口等入口水，紧急救援期每人每天 5~7 升水，临时安置期每人每天 15~20 升水，过度安置期和恢复重建期每人每天 20~40 升水；在水质方面，入口水需要符合确保人体健康的《生活饮用水卫生标准》（GB 5749），其他用水需要感官较好且经过消毒后无致病微生物。应急供水在初期主要采用分发瓶装水或罐车送水的模式，虽然起到重要应急供水作用，但成本较高，不宜一直使用此模式。灾情发生后，尽快抢修原有供水设施恢复供水能力，满足应急供水水量与水质需求，当水源存在污染风险时，可增加活性炭吸附处理。利用原有水源或新建水源，在安置点建设临时集中供水站或分散供水站。水质净化以膜处理为主，如超滤净水设备、纳滤净水设备、反渗透净水设备，出水水质稳定，安全性高。应急供水必须消毒，对于较大规模的供水，可采用次氯酸钠、二氧化氯等设备消毒，对于较小规模的供水，可采用紫外线或臭氧设备消毒，饮用水消毒可避免灾区发生介水疾病传播。在应急供水管理方面，应急供水设施需要专人管理并公示其联系方式，管理人员每天对供水系统进行巡检和维护，及时处理发现的问题，妥善存放药剂并做好出入库记录。

4.3　澜湄国家农村饮水安全现状需求

联合国可持续发展议程提出，到 2030 年，实现人人普遍和公平获得安全和负担得起的饮用水，但澜湄国家在这一涉水目标的实现方面还存在差距。澜湄国家地区农村人口数量多、分布广,但供水设施建设和管理基础薄弱,特别是柬埔寨、老挝、缅甸等国,其改善供水的覆盖人口比例为85%~93%,与全球平均水平相比仍有较大差距,农村供水安全问题十分突出。

2019年4月在越南芹苴举行的澜湄水资源合作联合工作组第三次会议上,农村供水安全被一致确定为近期澜湄水资源合作的重点方向。2019年6月,澜湄联合工作组第一次特别会议在昆明召开,澜湄六国充分肯定了澜湄水资源合作取得的积极进展,会议共同制定了包括农村供水安全在内的六个重点合作领域的联合牵头方案,签署了《澜湄水资源合作联合工作组2019年第一次特别会议纪要》。

2020年8月24日,在澜湄合作第三次领导人会议上,提出了"加强伙伴关系,实现共同繁荣"的主题,会议高度赞赏中国通过澜湄合作专项基金,持续支持实施包括农村供水等在内的一系列区域性项目,饮水安全方面的务实合作被作为领导人共识写入《万象宣言》。2021年6月,澜沧江—湄公河合作第六次外长会议在中国重庆举行,各国外长重申,澜湄合作旨在深化六国睦邻友好和务实合作,促进各国经济社会发展,增进民众福祉,缩小发展差距,助力东盟共同体建设,推进南南合作和落实联合国2030年可持续发展议程。会议发布《关于加强澜沧江—湄公河国家可持续发展合作的联合声明》,清洁饮水安全保障被作为继续加强的务实合作领域之一写入。2021年12月,来自澜湄合作六个成员国的代表,国际机构、民间社会组织、科技学术团体和企业的代表,通过视频方式举行了第二届澜湄水资源合作论坛,围绕"携手应对挑战、促进共同繁荣"的主题,就水相关问题进行了深入交流,就农村饮水安全等水利与民生改善领域的重点问题进行了深入探讨。

在农村饮水安全领域开展务实合作,可有效推动中国农村供水技术、设备、管理、运营等"走出去",对凝聚澜湄国家治水共识、共同推动区域可持续发展的目标具有重大意义。

4.3.1 澜湄国家农村供水基本情况

世界卫生组织、联合国儿童基金会等国际组织曾统计世界各地在饮用水、卫生和厕所方面的工作进展。澜湄地区有统计的国家仅有老挝,其享有安全管理饮用水服务人口的比例分别为0~25%和25~50%。

由于监测体系不健全,澜湄国家农村供水基础数据缺乏,农村供水工程建设和运行现状不清,缺乏对供水系统风险的有效识别。尽管澜湄国家水资源总量丰富,柬埔寨、老挝、缅甸的人均水资源占有量分别为8826 m³、2.8万 m³和2.14万 m³,但由于时空分布差异,水源工程缺乏,季节性缺水、工程缺水问题严重;另外由于水源污染、水质净化消毒措施缺乏,水质问题较为突出。从表4.7可看出,柬埔寨、老挝、缅甸和越南未享有安全管理的供水比例较高,且管道供水比例极低。

表 4.7　　　　　　　　澜湄地区各国农村人口及改善供水比例

序号	国家	总人口/万人	农村人口比例	未安全管理供水比例	管道供水比例	数据来源
1	柬埔寨	1672	76%	82%	17%	GLAAS，2021 WHO/UNICEF JMP，2013
2	老挝	728	64%	88%	14%	GLAAS，2021
3	缅甸	5441	69%	48%	18%	GLAAS，2021 National Census，2014
4	越南	9734	63%	/	26%	GLAAS，2021

柬埔寨约 76% 的人口生活在农村地区，难以获得安全饮用水和卫生设施对农村社区的影响尤为严重，有 200 多万人得不到安全饮用水，300 万人得不到改善的卫生设施。虽然柬埔寨在过去的 20 多年里在改善农村地区饮用水和卫生设施方面取得了重大的进展，农村地区的饮用水供应从 14% 增加到 2015 年的 65%，但总体来说仍处于较低水平，超过 50% 的人不能享有干净或安全的饮用水，到 2021 年仅有 17% 的人可享有管道集中供水。农村地区常规取水方式包括人工水井、天然水体、集雨等。

老挝全国约有 64% 的人口居住在农村。水资源极其丰富，但由于老挝当地经济条件及气候影响，农村供水基础设施非常匮乏。由于老挝旱季和雨季区别明显，旱季时水源源头会干涸，大部分人会出现用水不够的情况，村民只能从湄公河和附近村庄的一些水源中抽水。此外，由于缺乏水处理设施，饮用水水质问题包括大肠杆菌、血吸虫、铁和砷等污染。

缅甸是一个以农业为主的国家，70% 的人口居住在农村地区。缅甸大约一半的人口不得不使用未经改善的水源。农村地区很少或根本没有机会获得优质水。腹泻是缅甸最常见的季节性疾病之一，主要发生在夏季和雨季。腹泻病占缅甸五岁以下儿童死亡因素的 18%。医学研究显示，仰光地区北大贡镇的急性腹泻发病率很高，那里的饮用水源被粪便大肠菌群高度污染。在缅甸农村地区，使用未经改善水源的人口比例很高，仰光地区郊区乡镇的 50%～70% 的农村社区从池塘、湖泊和河流等未经改善的水源取水。

越南政府近年来积极改善农村饮用水条件，几年间已完成 5 万多项供水工程，自 2010 年又向 190 万人提供了卫生饮水。虽然统计显示越南农村使用清洁水的人口比例达 78%，87% 的农村学校及 88% 乡级医疗站已有清洁水可用，55% 的农村人口拥有符合卫生条件的洗手间，但是，各地政府判定清洁水的标准不一，有些地方标准很低，只要砂滤后就视为清洁水。根据越南卫生部的饮用水标准，农村地区仅有 37% 人口使用的水源是符合卫生条件的。

4.3.2　澜湄国家农村供水所面临的问题

整体上柬埔寨、老挝、缅甸和越南 4 国在农村供水方面还处于自然发展阶段，供水设施严重短缺,工程性缺水、水质性缺水问题突出,尚未完全建立农村供水安全保障技术及管理体系和适宜于本地区的农村供水可持续发展技术。主要体现在以下方面。

(1)水资源时空分布不均,水源工程建设滞后,水量和取用水方便程度不足,工程性缺水问题突出。

一是由于湄公河国家农村地区水资源缺乏合理调度和综合管理,受自然条件影响较大,季节性、区域性水资源短缺的形势危急。从水资源总量来看,湄公河流域水量充足,无须域外调水,即可满足周边国家的用水需求。但湄公河流域降雨多集中在5月—10月,雨旱两季分明。如柬埔寨和老挝年降雨的80%集中在雨季,近年来季节性干旱频发,不少地方农村居民无水可用;缅甸中部地区干旱少雨地区易发生水荒,饮用水源缺乏较为普遍的村庄数量占一半以上,需要购买价格昂贵的桶装水。图4.2显示了柬埔寨桑河流域某区域流入和流出的月度分布,流域流出量均高于流入量,不同月份之间流域流入量可相差几十倍。同时,不同地区的降雨量差异也非常大,图4.3显示了柬埔寨不同地区年降雨量的分布,南部缺水地区年降雨仅有200mm,不足雨水丰沛地区的1/10。2012年越南人均可再生水资源总量为9560m³,高于国际平均水平7400m³。越南有16个主要的河流子流域,60%集中在湄公河流域。越南年降雨量在700~5000mm,每年的雨天数量变化很大,从60天到200天不等。不均匀分布的坡度地形对越南的水资源分布起着重要作用,西北至东南轴集中了东南部的地表水,主要河流流域都位于东南部,北部山区较多,可利用地表水较少。表4.8展示了越南水资源分布状况。

区域3每月可用水量

	1月	2月	3月	4月	5月	6月	7月	8月	9月	10月	11月	12月
老挝的总流量	4293	2670	1761	1848	4599	18032	38188	59648	59462	36760	16770	7305
区域3以外的总流量	8311	5695	5128	5079	9484	25854	53290	87681	87099	57061	25701	13516

总流量/Mm³

图4.2 柬埔寨桑河流域某区域流入和流出的月度分布(数据来源:柬埔寨水利气象部)

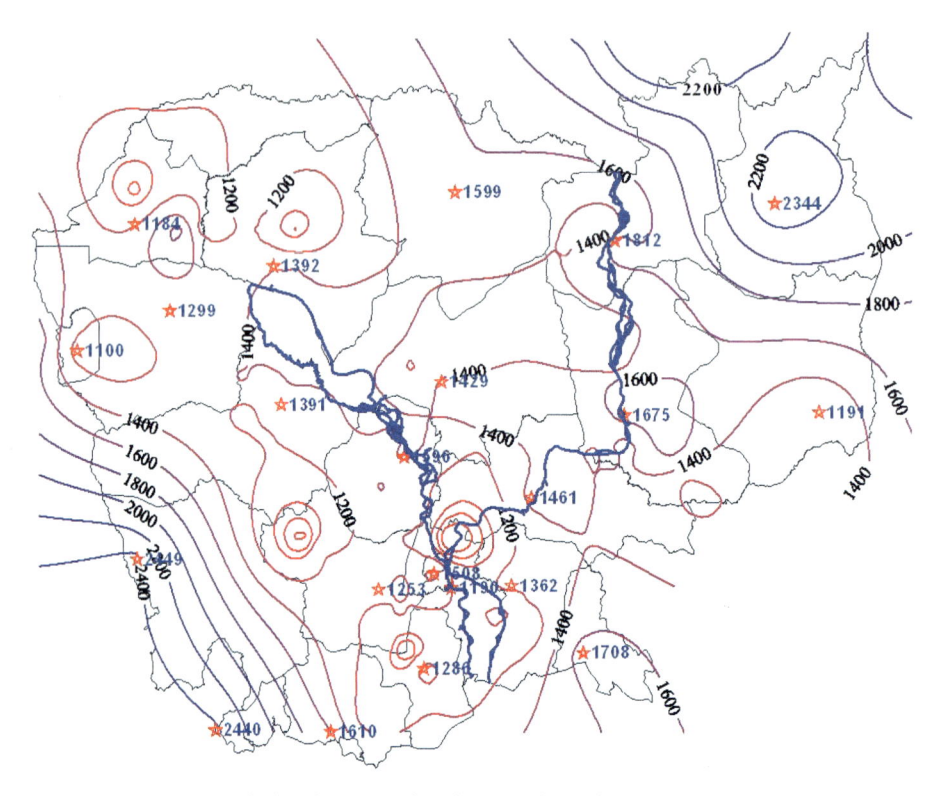

图 4.3　柬埔寨年降雨量的分布(数据来源:柬埔寨水利气象部)

表 4.8　　　　　　　　　　越南的水资源分布情况

特征参数	数量
长度超过 10km 的河流/小溪	3450
地表水资源年总可用量	$830×10^9 m^3$
地下水资源年总可得量	$63×10^9 m^3/year$
人均可用水总量	$9000 m^3/year$
水电、灌溉水库数量	2900
总库容	$28×10^9 m^3$
计划兴建的水塘数目	510
规划水库的总水量	$56×10^9 m^3$
全国年用水总量(全用途)	$81×10^9 m^3$

二是农村地区水资源利用技术水平低、水源条件差,断水问题时常出现,水源保证率及用水方便程度等方面都存在严重问题。澜湄国家超过50%以上的农村人口直接从河道、坑塘、山泉、浅井取水饮用,一旦遇到枯水期,河水减少甚至断流,地下水位下降,泉水枯竭,水源就不能保证。如老挝无稳定可靠水源的农村百分比是24%。越南有2360条河流,总长度超过10km,这似乎应该为国家提供丰富的水源。然而,由于缺乏物质基础设施和财政能力,

水资源利用率很低,降雨量分布不均,导致全国各地缺水。尽管越南在过去几十年里改善了供水状况,但一些农村地区的最贫困社区并没有看到明显的改善。据报道,只有39%的农村人口能够获得安全饮用水和卫生设施。农村人口已经从使用浅水井的地表水转向使用私人管井抽水的地下水。

三是随着干旱的不断发生、用水量增大,地下水位下降和河道断流严重,水资源供需矛盾日益突出(图4.4)。缅甸由于夏季水库水常常干涸,饮用水稀缺的村庄共有500多个,雨季的降水成为缺水村庄最主要的用水来源;而在旱季,村民要从一英里以外的池塘里取水。饮用水稀缺的地区包括曼德勒省、马圭省、伊洛瓦底省、德林达依省、克钦邦、克伦邦等地区。地下水资源在越南也越来越重要,特别是在越南北部的山区、中部高地以及湄公河三角洲地区,旱季缺水已经成为一个重要问题。

图4.4 柬埔寨农村地区旱季供水水量不足

(2)水源水质恶化,水处理设施匮乏,水质安全保障问题突出

一是澜湄地区国家赖以生存的湄公河水质受近年来频发的自然灾害影响,逐年变差。极端气候频发引起的地震、泥石流、山体滑坡等自然灾害导致大量泥沙、悬浮物、有害物质直接冲入湄公河,造成水体内悬浮泥沙增多,增加了水体的浑浊度,影响了沿岸村民的用水安全。越南的地理和地形也使该国容易受到台风、风暴、洪水和干旱等自然灾害的影响。这就导致了大量的问题,如水污染和水传播疾病,以及对农田和牲畜的影响。

二是澜湄地区国家农业面源污染的加剧和工业化进程的加快导致水源污染加剧,加上水源保护措施缺乏,水源水质不断恶化(图4.5)。一些环境污染、技术落后的城市工业转移到农村,造成工业废物、废气、废水和垃圾任意排放,加上生活污水、生活垃圾和畜禽粪便的排放,都使得天然水体受到了不同程度的污染。柬埔寨约35%的农户、缅甸有30%以上的农村人口直接使用被污染的池塘、河流和小溪等地表水为生活饮用水源,有机物、重金属和微生物指标超标情况频发;老挝 2015 年饮用水水源中检测到大肠杆菌风险的比例占 35.8%,并且 83.1%的居民水源中检测到了大肠杆菌,南部的占巴塞省的生活水源主要为受到血吸虫卵污染的湄公河河水。由于越南经济的快速发展,河流水质受到石油废料和固体等有机污染物的污染,工业和农业活动排放的未经处理的废水也会造成污染。越南几乎 80%的疾病都是由受污染的水引起的。该国每年都有许多霍乱、伤寒、痢疾和疟疾病例。

图 4.5 澜湄国家农村供水水源水质恶化

三是水文地质原因导致澜湄地区部分地下水存在铁、砷等超标情况。老挝地下水源的水质整体较差,饮用水铁、砷等含量不达标问题一直危害着当地村民的身体健康;柬埔寨至少有 225 万人生活在地下水中天然砷含量高的地区,井水存在严重的砷超标问题。在越南北部河内附近的地区,饮用水中有大量的砷污染。生活在这一地区的大约 700 万人有严重的砷中毒风险,砷水平升高会导致癌症、神经和皮肤问题,这也是该地区农村供水所面临的一个严重的问题。

四是水处理设施缺乏,水质保障程度低、不安全风险高。澜湄地区饮用水源多为来自河流、湖泊、小溪的地表水或浅井水等开放式水源(图4.6),由于无水处理设施,卫生条件差,微生物风险大,且随着水源污染加剧,有毒有害有机物、氨氮、重金属等超标风险也日益增加;其次,柬埔寨、越南以及老挝南部地区以高砷、高铁等劣质地下水为饮用水源,却无必要的水处理措施,对农村居民身体健康危害大;另外,澜湄地区还有部分农村地区采用敞口罐子或水箱收集雨水作为饮用水,基本无净化措施,雨水收集及储存过程中极易被污染。这些情况下因水致病、因病致穷,造成了部分农民生活水平下降。

柬埔寨农村地区,只有23%人使用的饮用水可以达到饮用水水质标准,仅21%人的饮用水水质是低风险的,56%都存在中到高风险。柬埔寨35%的农户直接饮用未经处理的来自河流、湖泊和小溪的地表水,多数池塘或河流污染严重、水质恶化,还有10%的村民直接使用收集的雨水,水质极少达到卫生标准。老挝仅有45%的农村有集中供水工程,其余地区的农民直接从未经处理的来自河流、湖泊和小溪的地表水或者雨水取水用于饮用。越南农村地区由于缺乏农村集中供水工程,居民直接饮用被致病微生物污染的水,经常会导致腹泻、肠胃炎、伤寒、霍乱、贾第鞭毛虫、痢疾和甲型肝炎等疾病。

图 4.6　澜湄国家农村供水水处理设施匮乏

(3) 缺乏农村供水系统风险识别与评估

柬埔寨、老挝、缅甸和越南等澜湄国家仍处于农村供水发展初期,虽然各国提出了"安全饮用水指标体系"并出台了《生活饮用水卫生标准》等规范和标准,但农村饮用水水质合格率仍然较低。主要问题包括:工程设计建设标准低,包括净水工艺不完善比例高,设计人员对饮水安全缺乏全面的理解;水厂运行不规范,主要体现在运管人员缺乏专业知识、制水过程操作随意,无规程,无记录等,以及为了降低制水成本而忽视水质安全;水质合格率低,主要表现在饮用水微生物超标和氟、砷超标等。随着澜湄甘泉行动第一阶段的实施,澜湄国家农村集中式供水系统覆盖人口数的大量增加,集中式管网供水水质风险的影响范围也迅速扩大。因此,建立农村集中式供水水质风险管理体制、加强风险监督,是饮水安全的重要保障措施之一,也是农村集中式供水可持续发展的必要条件。

(4) 农村供水管理水平落后,供水工程难以正常运行

由于澜湄各国农村供水工程投资有限,农村地区水源开发利用水平低,集中供水比例低,供水工程建设水平低、规模小、分布散,各国农村供水相关管理机构的专业技术人员和工程运行管理人员缺乏,工程管理技术和手段落后,致使一些工程效益不能正常发挥,可持续性差,水质问题突出,无法可持续安全供水(图 4.7)。

图 4.7 澜湄国家农村供水管理落后

总之,澜湄地区各国农村居民取用水方便程度低,水量保障不足,水质问题突出;此外,农村供水设施严重短缺,工程建设及管理水平低,缺乏系统规划,亟需建立农村饮水安全保障技术及管理体系,提升农村供水安全保障水平。

4.3.3 实施"澜湄甘泉"行动的必要性和意义

"一带一路"是习近平主席提出的国家级顶层国际经济合作倡议,核心是以基础设施建设为主线,加强全方位互联互通,促进共同发展,实现共同繁荣、合作共赢,为世界经济增长挖掘新动力,为国际经济合作打造新平台。澜湄流域地处"一带""和"一路"交叉地带,在"一带一路"倡议中具备独特地理优势。在此背景下,一期项目"澜湄甘泉行动——澜湄国家农村供水安全保障技术示范"于2020年1月启动并顺利实施,取得丰硕阶段性成果。项目阶段成果曾很好地服务了中国—东盟建立对话关系30周年特别外长会、澜湄合作启动五周年暨2021年澜湄周、2021年12月第二届澜湄水资源合作论坛等外交外事活动。

2020年8月澜湄合作第三次领导人会议《万象宣言》中,饮水安全方面的务实合作被作为领导人共识写入。2021年6月在中国重庆举行的澜湄合作第六次外长会发布《关于加强澜沧江—湄公河国家可持续发展合作的联合声明》,清洁饮水安全保障被作为继续加强的务实合作领域之一写入。农村安全饮水属于《澜湄水资源合作五年行动计划（2018—2022）》的优先合作领域,2018—2022年新的五年计划也将延续在农村安全清洁饮用水方面的合作。二期项目的实施,将对深化安全饮用水领域合作成果,对支撑次区域合作、服务外交外事活动具有意义。

(1) 解决供水不安全问题是建设澜湄国家命运共同体的基本体现

从国际组织统计数据及各国实际情况看,澜湄地区国家农村人口量大面广,但供水设施建设和管理基础薄弱,特别是柬埔寨、老挝、缅甸三国,农村供水安全问题十分突出。建设国家命运共同体是推动人类命运共同体的积极探索,而农村供水最相关的利益者是占澜湄国家人口多数的农村居民,解决人类生存最相关最基本的饮水问题是建立人类命运共同体的基础。

(2) 实现供水安全是"一带一路"合作成果惠民的重要表现

针对澜湄地区国家取用水不方便、水量保障不足、水质问题突出等问题,利用我国在农村供水工程规划、设计、建设、管理及相关学科研究等方面积累的丰富经验和实用成果与技术,建设一批示范工程,让示范区农村居民喝上干净卫生的水,提升示范区农村供水安全保障水平,从而带动推动澜湄地区国家农村供水安全保障工作全面开展。同时,又可以通过惠民工程建设更好地宣传"一带一路"工作和成果,使普通群众认识、了解中国,将"一带一路"由官方推广至民间,夯实国际合作安全基石。

(3) 实现供水安全是以人民为中心、推动务实合作进一步向民生领域倾斜的具体实现路径

第二届"一带一路"国际合作高峰论坛提出,要以共建"一带一路"为平台,深化政策对接和经济融合,要秉持以人民为中心的理念,推动务实合作进一步向民生领域倾斜。饮水安全是影响人体健康和国计民生的重大问题,改善澜湄地区国家农村居民饮水卫生条件,就是将合作向民生领域倾斜的具体实现路径。

(4) 工程与管理建设同步进行是与时俱进、丰富合作的长远表现

前期的多边合作主要以大型工程建设为主,但农村供水安全保障不仅包括具体的工程

建设和示范,还需完善相应的机制建设,培养一支设计、运行、管理的专业队伍。通过合作帮助澜湄国家机制建设,可推动合作机制和平台建设,为更好地推动项目实施及后续合作打造有力的支撑体系。

(5)推动实施中国饮水安全技术在澜湄国家应用是使中国技术走出去的具体措施

中国从2005年开始实施农村饮水安全工程建设,经过十多年的发展,总结了一批适合不同问题的技术和经验,通过项目合作,解决澜湄国家在农村饮水中存在的主要问题,推动中国农村供水技术、建设、运维等"走出去",对凝聚澜湄国家治水共识、共同推动区域可持续发展的目标具有重大意义,也是进一步与世界分享中国经济增长的红利,必将为推动共建"一带一路"和各国的共同发展带来更多的机遇。

4.4 澜湄国家农村供水安全保障技术示范

以澜湄水资源合作联合工作组确定的"农村安全供水"这一水资源合作重点方向为切入点,坚持睦邻友好、相互信任、平等尊重、互利共赢和共享发展原则,针对澜湄国家不同水源类型(河流、湖库等地表水,井水等地下水),不同供水方式(小型集中式和分散式),提出解决农村供水安全面临的突出的工程型缺水和水质型缺水等典型问题的系统方案,合作开展农村饮水安全保障技术示范,初步建立适宜当地的农村供水技术体系,显著提升农村供水工程建设管理能力。通过联合研究、典型区域技术推广与示范,既解决当地居民的饮水安全问题,改善示范区农村居民饮水卫生条件,又可以促使农村地区和其他关键利益相关者团体参与农村供水工作,提升当地居民和利益相关者对农村饮水健康因素的认识和重视,提高其技术及管理水平。同时以点带面,在整个区域铺开,为澜湄地区的农村供水安全工作提供典型经验和技术支撑。

4.4.1 小型集中式供水工程示范

4.4.1.1 柬埔寨农村集中供水示范工程

2020—2022年期间,"澜湄甘泉"项目在柬埔寨共建成农村集中供水工程示范点3处。下面以柬埔寨上丁省西山区桑河二级水电站右岸移民安置点Srekor村为例说明项目开展工作。

该安置点原生活用水为每3户一口井,但由于海拔相对偏高且地势不平,导致仅12口井正常出水,其余缺水或者无水。此外,移民户没有节约用水意识,普遍水资源浪费严重,导致部分离供水点较远移民户经常无水可用。

集中示范工程依托中资公司,通过现场调研、线上交流讨论后,确定在Srekor村选取20户农村居民作为典型小区,建设集中供水工程,确定了采用"机井+高台+储水桶+管网"的技术方案(图4.8),通过新建储水桶、新铺设供水管道的方式建设农村集中式供水工程

(图4.9),以此来解决典型小区的20户约95人的日常用水问题。

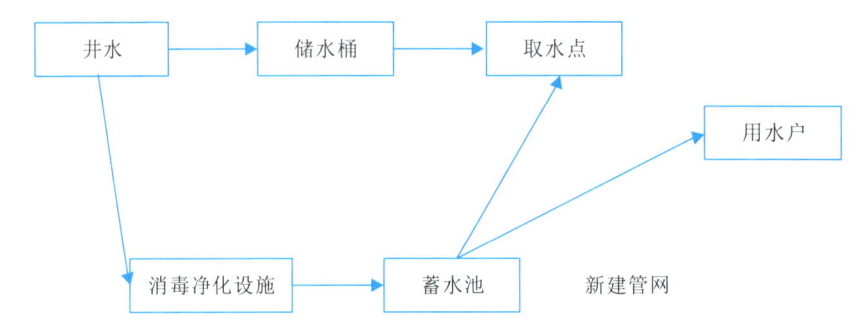

图4.8 柬埔寨集中供水示范工程技术方案

图4.9 柬埔寨2020年度集中供水示范工程现场图

4.4.1.2 老挝农村集中供水示范工程

2020—2022年期间,"澜湄甘泉"项目在老挝共建成农村集中供水工程示范点6处。下面以老挝琅勃拉邦省勐威县哈克村为例说明项目开展工作。

哈克村原生活用水水源为距离村庄11.5km处的山泉水(图4.10),在水源点修建新拦水坝、蓄水池,通过管道送至村子附近调蓄水池,而后供向每户庭院。随着移民村人口的增加和移民用水需求的增长,调蓄水池储量不足,部分家庭出现无水可用情况。此外,因为水源水未经任何处理,水质微生物指标超标,腹泻、呕吐等因饮水不卫生引发的疾病时有发生,不少村民支付高额费用购买瓶(桶)装水,家庭经济条件差的甚至直接取南欧江江水饮用。经征询村委会和村民代表意见,绝大村民认为示范项目实施非常必要,将有效改善当地的饮水卫生状况。

图 4.10　哈克村原山泉水水源点

因此,"澜湄甘泉"项目组对哈克村供水水量、水质状况进行了扎实的现场勘查和取样检测,并将参与式管理的理念应用于项目执行过程中。项目团队设计了村民用水现状及需求调查表、小组结构访谈目录,收集有效调查问卷近百份,开展小组访谈十余次,充分了解当地村民对于供水工程建设和改造的需求,切实摸清村民对工程实施的配合意愿、对运行费用的支付意愿等。

针对哈克村水量不足问题,在距离哈克村约 9km 的一个新的水源点新建溢流坝和沉砂池,并新建引水管路。针对水质问题,重点针对村民饮用和做饭时的水进行处理,配备可无人值守的超滤净水设备,修建水处理间,有效改善水源水微生物指标超标和雨季浑浊度超标问题。村民可带干净的容器来水处理间取干净清洁的饮用水。示范工程技术方案如图 4.11 所示。

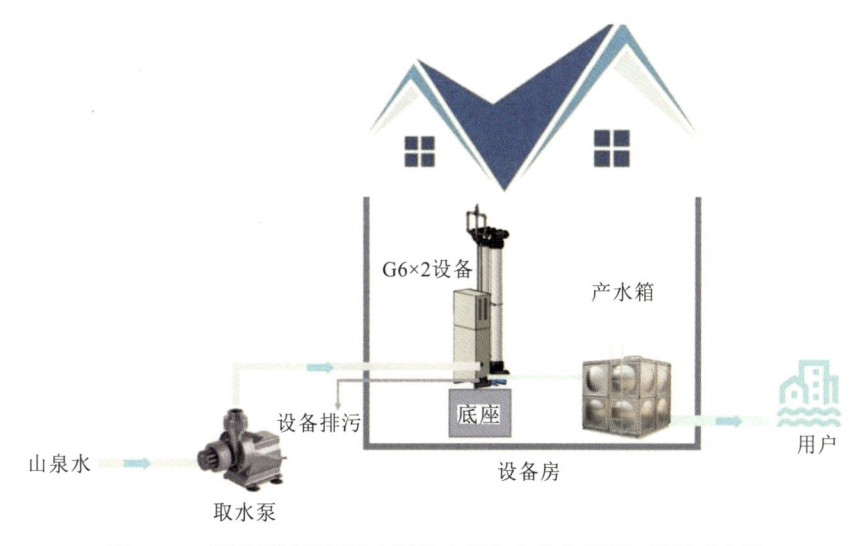

图 4.11　"澜湄甘泉"项目老挝哈克村集中供水示范工程技术方案

净水设备的具体技术方案如下:净水设计规模为 $10m^3/d$,可满足 10L/人·天(仅考虑饮用和做饭)的用水需求;其出水水质符合《老挝人民民主共和国饮用水标准》和世界卫生组织《饮用水水质准则》的要求;此外,超滤工艺相较于传统水处理工艺具有出水水质好、稳定、维护简单的特点,能够有效解决化学安全性和微生物安全性问题,是目前饮用水净化领域中的主流先进技术。原水通过原水泵提升至超滤膜设备内(如果重力自流水压≥4m,可以取消原水泵);经过膜过滤后,通过产水泵将净化后的水抽入不锈钢产水箱;产水箱设置水龙头,用户可自行取水(图 4.12)。

总体来看,通过采用示范先进、实用的水源开发利用和水质净化消毒技术,哈克村的饮用水水量和水质问题得到有效解决,显著改善和提升了当地民生保障水平。在完成示范工程建设后,项目在当地开展了竣工验收和工程移交仪式,将示范工程由当地村委会或用水管理组织管理(图 4.13)。

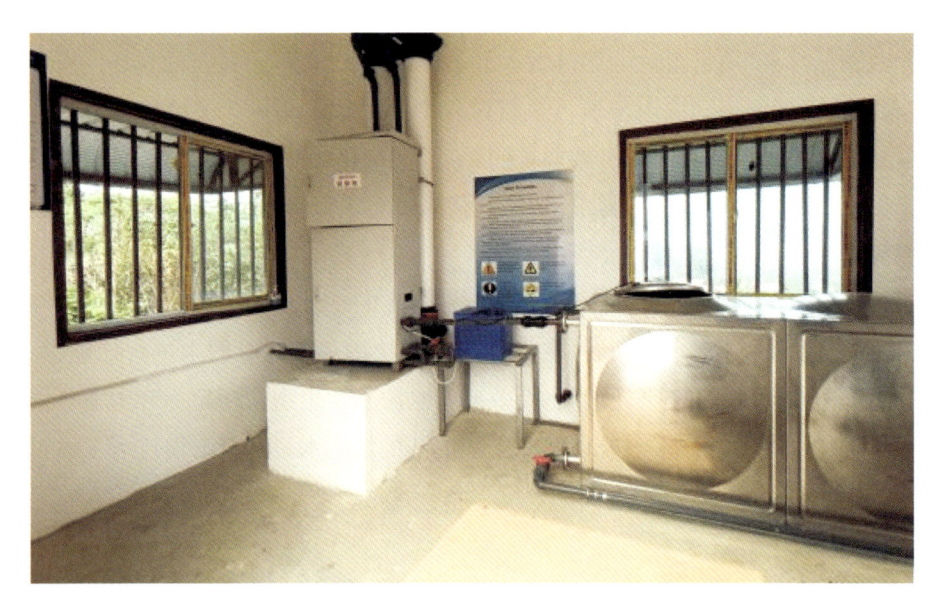

第4章 澜湄甘泉行动示范

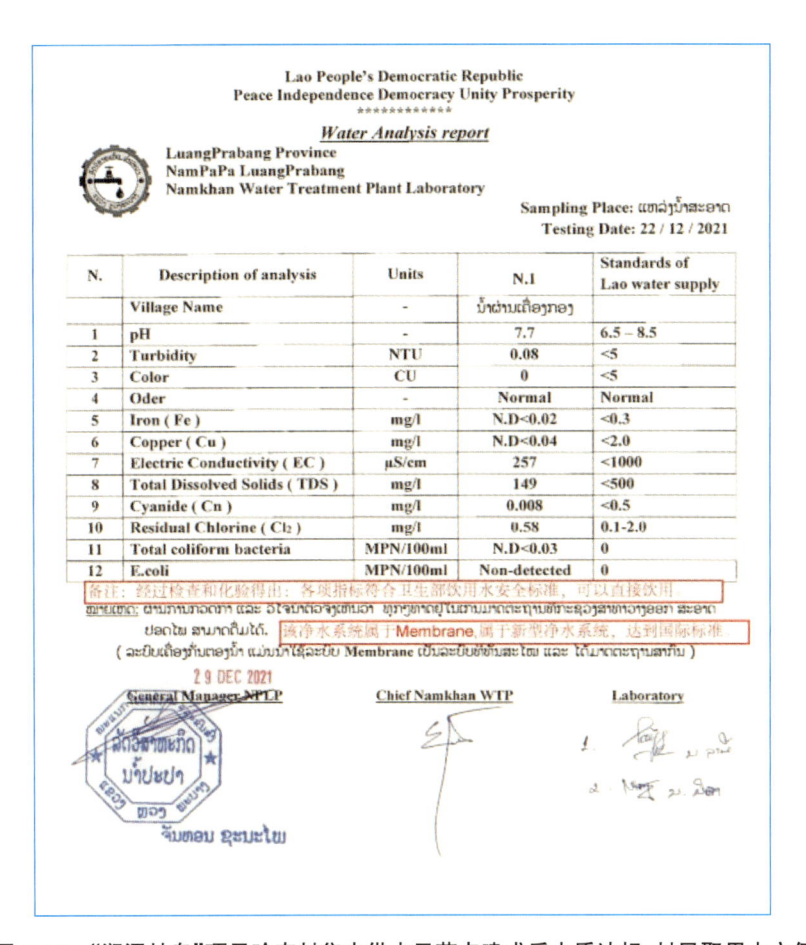

Lao People's Democratic Republic
Peace Independence Democracy Unity Prosperity
****
Water Analysis report

LuangPrabang Province
NamPaPa LuangPrabang
Namkhan Water Treatment Plant Laboratory

Sampling Place: ແຫຼ່ງນ້ຳສະອາດ
Testing Date: 22 / 12 / 2021

N.	Description of analysis	Units	N.1	Standards of Lao water supply
	Village Name	-	ບ້ານຜານເຕືອງກາງ	
1	pH	-	7.7	6.5 – 8.5
2	Turbidity	NTU	0.08	<5
3	Color	CU	0	<5
4	Oder	-	Normal	Normal
5	Iron (Fe)	mg/l	N.D<0.02	<0.3
6	Copper (Cu)	mg/l	N.D<0.04	<2.0
7	Electric Conductivity (EC)	μS/cm	257	<1000
8	Total Dissolved Solids (TDS)	mg/l	149	<500
9	Cyanide (Cn)	mg/l	0.008	<0.5
10	Residual Chlorine (Cl₂)	mg/l	0.58	0.1-2.0
11	Total coliform bacteria	MPN/100ml	N.D<0.03	0
12	E.coli	MPN/100ml	Non-detected	0

备注：经过检查和化验得出：各项指标符合卫生部饮用水安全标准，可以直接饮用。该净水系统属于 Membrane，属于新型净水系统，达到国际标准。

29 DEC 2021
General Manager NPLP   Chief Namkhan WTP   Laboratory

图 4.12 "澜湄甘泉"项目哈克村集中供水示范点建成后水质达标，村民取用水方便

111

图 4.13 "澜湄甘泉"项目老挝哈克村集中供水示范点建成交接仪式

4.4.2 分散式供水工程示范

结合澜湄国家示范区具体情况,针对分散式农村供水(即农户)的储水和水质问题开展研究及示范。开展分散式储水及净化利用技术研究与示范,建设完成分散式储水及净化利用示范工程;提出分散式水量水质问题工程模式。

4.4.2.1 柬埔寨分散式农村供水技术示范

2020—2022 年期间,"澜湄甘泉"项目在柬埔寨共建成农村分散供水工程示范点 14 处。下面以柬埔寨上丁省西山区移民安置点 Kbal Romeas 村为例说明项目开展工作。

在开展集中供水工程选点调研过程中,项目组了解到移民安置点 Kbal Romeas 村村民存在饮水安全问题。经与当地村委会沟通协调,在 Kbal Romeas 村选取 4 处地点建设分散示范工程(打井)。研究确定形成"水压井—高台—储水桶—净水系统—供水管道"的技术方案(图 4.14)。

柬埔寨 Kbal Romeas 村分散供水示范工程覆盖 12 户约 60 人,解决了村民的日常用水问题(图 4.15)。

第 4 章 澜湄甘泉行动示范

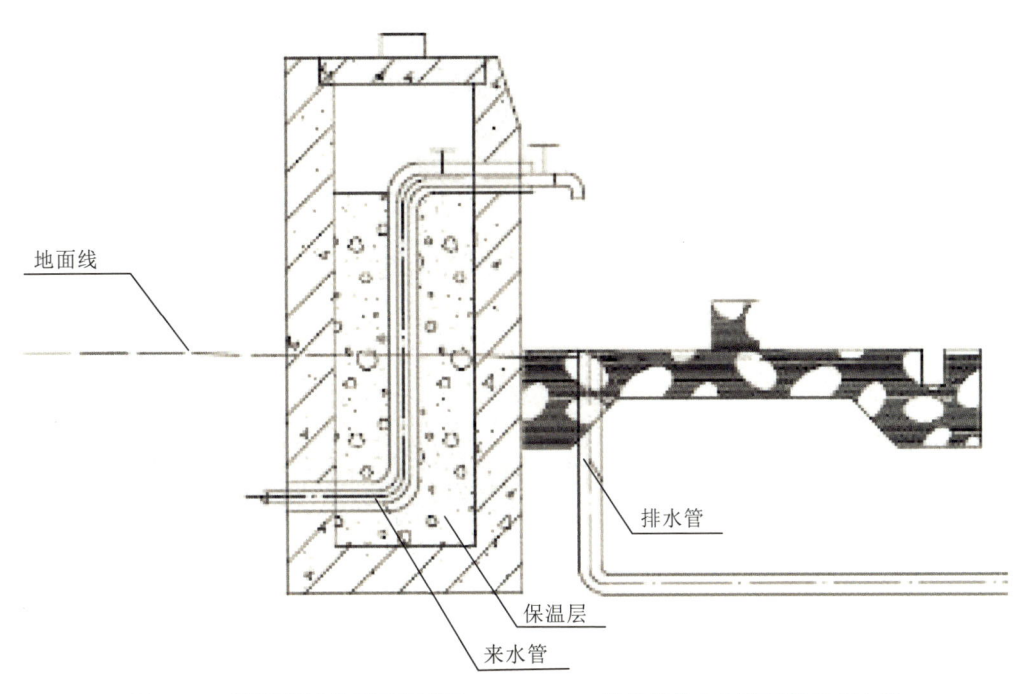

图 4.14 "澜湄甘泉"项目柬埔寨 Kbal Romeas 村分散供水示范工程技术方案

图 4.15 "澜湄甘泉"项目柬埔寨 Kbal Romeas 村分散供水工程建成与水质检测报告

4.4.2.2 老挝分散式农村供水技术示范

2020—2022 年期间,"澜湄甘泉"项目在老挝共建成农村分散供水工程示范点 14 处。下面以老挝琅勃拉邦省农村学校分散供水示范点为例说明项目开展工作。

在 2020 年,在琅勃拉邦省的哈克村、孔耿村、帕景村、庞慧村的农村学校安装净水机以净化水质。其具体技术方案为:每个小学配备 1 台 1.1m 高的净水设备,每个中学配备 2 台 1.5m 高的净水设备,其水量容量分别为 80L 和 120L,设备功率为 2kW,水箱容量均为 18L (图 4.16、图 4.17)。该设备的净化工艺为:超滤＋活性炭过滤×2＋超滤。

113

图 4.16 "澜湄甘泉"项目老挝分散供水示范工程净水设备

图 4.17 "澜湄甘泉"项目老挝供水示范点小学生接水饮用

4.4.2.3 缅甸分散式农村供水技术示范

2020—2022年期间,"澜湄甘泉"项目在缅甸共建成农村分散供水工程示范点25处。下面以缅甸西部若开邦皎漂县皎漂镇农村分散供水示范点为例说明项目开展工作。

皎漂镇乡村居民饮水问题较突出,大部分寺庙、学校和村庄的生活用水依赖水塘和水窖在雨季存储雨水(图4.18),普遍存在饮用水量不足、水质不安全等问题。皎漂地区居民腹泻情况非常普遍,饮用水被认为是重要原因。即便是卫生条件很差的水塘和水窖,也不是每家每户都有,很多村民都要步行很长的路去取水点打水。

图 4.18 缅甸皎漂镇村民取水的水塘和水窖

选择当地寺庙和农户,根据缅甸当地农村用水需求,以集雨水为水源,选择生物慢滤技术开展农村供水技术示范。单户净水器包括高位水箱、配电箱、布水器和反应器4部分,过滤材料选用粒径为40~70目的精制石英砂。在高位水箱进水口前,特别制作了Y型过滤器,以解决当地降雨频繁带来的集雨水悬浮物问题(图4.19)。

图 4.19　缅甸分散供水示范点安装单户生物慢滤设备

4.4.3　澜湄国家农村供水安全交流与宣传

提出适宜不同水源、不同水质特征的澜湄国家农村饮水安全保障解决方案,编制区域农村供水保障技术方案,通过技术研讨、培训等方式,推动澜湄国家农村供水顶层规划、设计能力提升。与澜湄国家的相关科研院所、大学合作,促进水质净化与消毒技术和设施设备生产的本地化发展。编制农村供水水质净化、消毒技术与设备应用和管理指南,在水源开发利用与保护、水质净化消毒与检测、供水工程设计及运行维护等方面开展培训与交流。

澜湄项目工作组成员在收集世界卫生组织(WHO)、国际水协(IWA)相关资料基础上,结合中国农村供水典型经验编制了《饮水安全知识手册》中文版,并翻译为澜湄国家当地语言(图 4.20),制作了饮水安全小知识挂图(图 4.21),用于提升澜湄国家农村居民、学生对安全饮水的重视。同时还重点针对澜湄国家的农村供水问题,编制《典型区域农村供水安全保障技术方案》《农村供水工程运行管理规程》《农村供水水质净化技术与设备应用和管理指南》《农村供水消毒技术与设备应用和管理指南》。

全球疫情对项目各参与方之间的合作交流造成了不可避免的影响,但项目组仍克服疫情影响,采取线上会议形式组织多次与澜湄国家农村供水专业管理人员的技术交流。2021年 12 月 8 日,中国水利水电科学研究院项目组与柬埔寨水利气象部联合成功举办第二届澜湄水资源合作论坛"农村地区水利与民生改善"分会(图 4.22)。水利部国际合作与科技司钟勇二级巡视员,以及澜湄水资源合作中心和中国水利水电科学研究院等单位的领导和专家在北京主会场参加会议。来自澜湄六国、相关国际组织和科研院所、中资企业的 100 余名专家通过线上线下相结合的方式参加会议。中方表达了与澜湄国家加强交流合作、携手提升区域治理能力、增进民生福祉、促进共同繁荣的期待。澜湄国家表示未来要进一步深化彼此在农村水利与民生改善领域的合作，共享发展机遇。

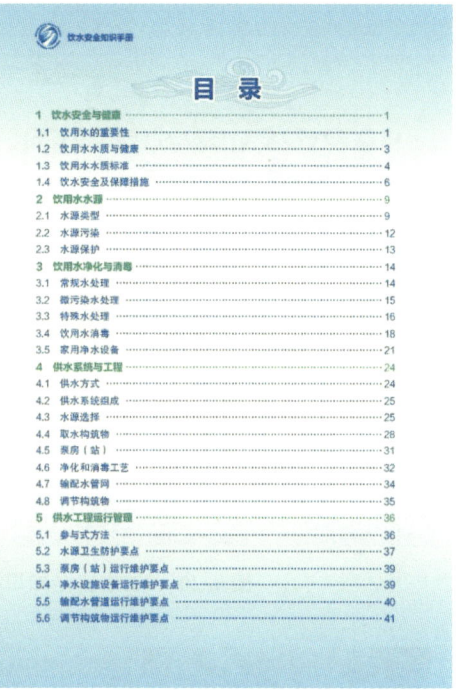

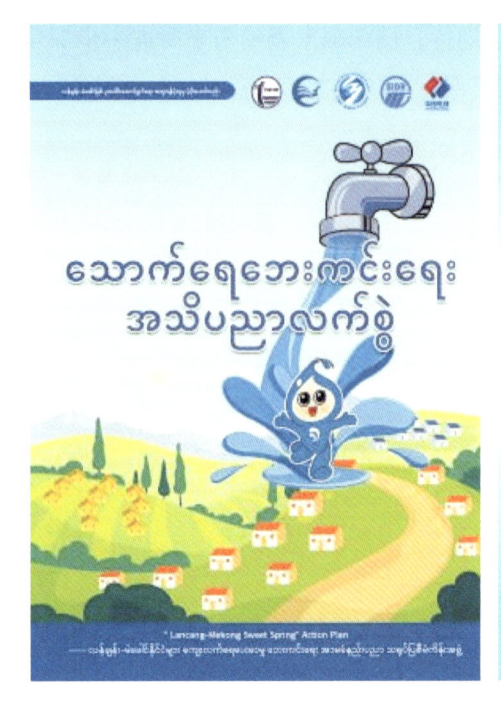

图 4.20 《饮水安全知识手册》(中、老、缅文)封面及目录

图 4.21 张贴在老挝小学、县医院的《饮水安全小知识》老挝文挂图

图 4.22 第二届澜湄水资源论坛"农村地区水利与民生改善"分会

2021年12月28日,长江科学院采取"线上+线下"的方式与柬埔寨湄委会联合开展"中国—柬埔寨农村水利技术交流研讨会"(图4.23),来自柬埔寨湄委会、柬埔寨水资源与气象部、农村发展部、矿产和能源部等部门的20余名柬方代表参加柬方线下会议,来自项目组的20余名代表参加中方线下会议。会上,柬方代表对项目实施成效进行了高度评价与充分肯定,与会中柬双方代表就农村供水技术开展深入交流。

图4.23 中国—柬埔寨农村水利技术交流研讨会柬方(左)与中方(右)会场

2020—2022年期间,项目共组织区域级农村供水专业管理人员技术交流或培训5次、运行操作人员现场培训3次、水知识科普教育活动1次,澜湄国家农村供水相关管理部门、示范工程运行管理人员和当地中小学师生累计参加达427人次,实现适宜供水技术、运行管理经验和饮水安全知识的共享,有效提升了当地供水管理部门的建设管理能力和居民的饮水卫生意识。

同时,我国澜湄项目组积极开展示范建设成果宣传报道。在当地,通过诸如老挝《人民报》、《万象时报》、琅勃拉邦省和丰沙里省电视台等主流媒体对项目关键节点活动和成效进行了报道。在国内,通过人民日报、中国新闻网、中国水利报、XINHUA老挝要闻、国务院国有资产监督管理委员会网站、澜湄水资源合作信息共享平台等宣传平台进行澜湄甘泉行动项目宣传(图4.24),提高项目成果的显示度和影响力。

图 4.24 "澜湄甘泉"项目组织的技术交流、培训、科普教育活动

图 4.25 项目示范建设成效在澜湄国家主流媒体和相关平台宣传报道

参考文献

[1] UN-Water. "Sustainable Development Goal 6 Synthesis Report on Water and Sanitation." Geneva：UN-Water，2018.

[2] Herrera，V. "Reconciling global aspirations and local realities：Challenges facing the Sustainable Development Goals for water and sanitation." World Development 118（2019）：106-117.

[3] UN-Water. "Means of implementation：a focus on sustainable development goals 6 and 17." Geneva：UN-Water，2015.

[4] UN-Water. "The Sustainable Development Goal 6 Global Acceleration Framework." Geneva：UN-Water，2020.

[5] UN. "The Sustainable Development Goal Report 2021." Geneva：UN，2021.

[6] UN Secretary General's Action Plan. "Water Action Decade 2018—2028." Geneva：UN.

[7] 李宗来，宋兰合．"WHO《饮用水水质准则》第四版解读"．给水排水．07(2012):9-13.

[8] WHO. Guidelines for drinking-water quality, 4th edition, 2022, Chapter 4 Water Safety Plans.

[9] 钟格梅，唐振柱，张荣，等．"饮水安全计划"在广西农村水厂的应用研究[J]．华南预防医学，2011，37(2):4.

[10] 张荣．"饮水安全计划"的应用与农村供水水质改善[J]．环境卫生学杂志，2012，2(3):4.

[11] 王顺琴，吕盼玉．天水市农村集中式供水饮水安全计划与对策研究[J]．质量安全与检验检测，2021，31(6):3.

[12] 徐维国．推进皖北地区群众喝上引调水工程 提升农村供水保障水平[J]．中国水利，2022(3):2.

[13] 史鹏宇．雨水集流工程在安定区的利用成效[J]．甘肃农业，2006(01):102

[14] 水利部．"全国'十四五'农村供水保障规划".

[15] 胡孟，曲钧浦．推进农村供水工程标准化建设和管理[J]．中国水利，2022(3):3.

[16] 邬晓梅．农村供水水质安全保障研究[J]．中国水利，2022(3):3.

[17] 徐学军．湖北省血吸虫病防治形势及水利血防措施[C]．湖北科技论坛．2005.

[18] 钱凯霞，宋红波，严浩，等．水利血防规划与实践[J]．人民长江，2013，44(10):113-115.

[19] 刘文朝，刘群昌，程先军，等．2005—2006年农村饮水安全应急工程规划要点[J]．中国水利，2005(3).

[20] 陈明忠．奋力推进农村供水高质量发展[J]．中国水利，2022(3):3.

[21] 崔智生，张扬，周芊叶，等．开发性金融支持农村供水经验与对策[J]．中国水利，2022(3):3.

[22] 田学斌．让亿万农村居民喝上放心水[J]．中国水利，2022(3):3.

[23] 闫冠宇，刘文朝，荣光，等．灾区灾民安置点应急供水模式[J]．中国农村水利水电，2015(12):3.

[24] 刘文朝，崔埔．农村应急供水保障体系及关键技术研究[J]．南水北调与水利科技，2009，007(002):55-58.

[25] 宋卫坤，胡孟，李晓琴，等．农村应急供水技术分析及安全保障建议[J]．水利发展研究，2018，18(3):4.

[26] GLAAS：Water Global Analysis and Assessment of Sanitation and Drinking-water，联合国水机制环境卫生饮用水分析及评估

[27] WHO/UNICEF JMP：WHO/UNICEF Joint Monitoring Programme，世界卫生组织/联合国儿童基金会供水和卫生联合监测方案

[28] National Census：Myanmar Population and Housing Census，缅甸人口和住房普查

第5章 "澜湄大坝健康体检"行动计划

CHAPTER 5

5.1 国际大坝安全经验

水库大坝安全是个古老的课题，人类从开始筑坝以来就一直在研究。随着水库大坝数量的日益增多，特别是高坝大库数量的增多，大坝安全与社会经济及人民生活具有更加紧密的联系，许多国家或地区的主管部门和社会公众比过去更加关注和重视大坝安全，大坝安全理念和内涵随着经济社会发展也不断拓展和丰富完善。水工程安全不仅要关注工程安全，还需要关注失事对下游公共安全、生态安全构成的潜在风险，并综合采取工程措施和非工程措施，将风险控制在可接受范围以内。

一些水利开发较为成熟国家的新建大坝建设数量已明显减少，这些国家主要注意力和技术力量逐渐向大坝管理转移，加强了对已建大坝的监测与管理。目前国际上普遍基于风险理念，按溃坝后果对大坝进行分类，并据此确定大坝安全标准。

5.1.1 世界银行

2002年，世界银行发布了《水坝安全法律框架研究报告》。报告指出，大坝安全法规框架要实现如下3个基本目标：

(1)阐明业主必须对大坝安全负责，监管机构负责监督业主的行为表现；

(2)明确大坝业主在大坝运行维护方面的职责，说明业主应如何检查大坝安全运行状况；

(3)说明监管机构如何才能够更好地发挥其监督功能，其中包括自行开展安全检查及对不符合规定要求的业主应该行使怎样的权力进行处置等。

5.1.2 加拿大

根据溃坝后果严重程度，将大坝分为后果极严重、严重、低和极低四类，再根据溃坝后果严重程度确定地震与洪水设计标准，安全复核周期及运行管理要求。2007年修订出版的《大坝安全导则》中强调了大坝安全管理的4条基本原则：

一是尽可能地降低水库大坝风险,大坝业主不仅要考虑大坝运行中自身的商业目标,还要考虑公众利益;

二是根据溃坝后果确定大坝安全管理等级;

三是在整个大坝生命周期中都应该开展大坝安全管理工作,包括大坝设计、施工、运行、报废不同阶段;

四是所有水库大坝均应建立一套完善的安全管理系统,包括法规政策、职责任务、计划及工作程序、文件管理、培训、大坝复核、除险加固及其他完善措施。

表 5.1　　　　　　　　加拿大按溃决后果确定的大坝检查与安全复核频次

项目	极严重	严重	低	极低
现场巡查	每周1次	每周1次	每月1次	每季度1次
正式检查	每半年至一年1次	每年1次	每年1次	每年1次
仪器监测	参照 OMS 手册	参照 OMS 手册	参照 OMS 手册	无
泄水设施、溢洪闸门及其他机械装置检测	每年1次	每年1次	每年1次	每年1次
应急预案(EPP)	每半年更新1次通讯簿	每半年更新1次通讯簿	每年更新1次通讯簿	无
运行、维护与监测(OMS)手册	每7~10年审查1次	每10年审查1次	每10年审查1次	每10年审查1次
大坝安全复核	每5年1次	每7年1次	每10年1次	每10年1次

5.1.3　瑞士

瑞士《水库安全条例》综合坝高与库容规定,重要和规模较大的大坝仍然由瑞士联邦能源署监管,小型坝由州政府大坝安全管理机构监管,这些州大坝安全管理机构同时受联邦政府大坝安全管理机构(能源署)监督。

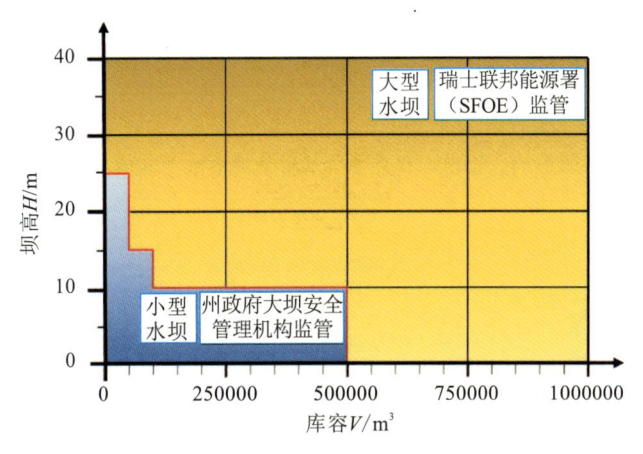

图 5.1　瑞士大坝安全监管权限划分标准

在瑞士,坝高超过 25m 或库容超过 50 万 m^3 的大坝,以及坝高超高 10m 且库容超过 10 万 m^3 或坝高超过 15m 且库容超过 5 万 m^3 的大坝,即为重要和规模较大的大坝,由瑞士联邦能源署监管。

5.1.4 美国

美国根据大坝发生事故可能造成的灾害程度,对大坝进行等级划分,分别为高风险、显著风险和低风险三个等级。高风险坝是指大坝失事或调度失误有可能造成生命损失的大坝;显著风险坝是指大坝失事或调度失误不会造成生命损失,但会造成经济损失、环境破坏、生命线设施中断或会影响其他关注问题的大坝;低风险坝是指大坝失事或调度失误不会造成生命损失,只会造成少量经济损失和(或)环境损失的大坝。

表 5.2 美国陆军工程兵团(USASE)提出的基于潜在危险的大坝等级分类体系

类别	潜在危险等级分类		
	低风险	显著风险	高风险
生命直接损失①	预计无人(由于地处乡村,没有可供人类居住的永久性建筑物)	不确定有人(几乎没有住宅和仅短暂居住,或仅有产业开发的农村地区)	确定有人(一个或多个片区住宅,商业或产业开发)
生命线损失②	不中断服务—修复只是表面的或是可快速修复的损坏	基本的设施和通道中断	关键的设施和通道中断
财产损失③	私人农田、设备和孤立的建筑物	主要的公共和私有措施	大量的公共和私有设施
环境损失④	最低程度的渐进破坏	需要重大补救措施	巨大的补救成本或是无法补救

注:①生命损失的可能性根据大坝下游地区淹没图来确定,潜在生命损失的分析应考虑开发程度及其相应的处境危险人口、洪水波的传播时间以及预警时间等。②指由于大坝失事导致生命线服务中断而对生命构成的间接威胁,或是关键医疗设施的直接损失,或是供水、供电、通信等损失。③指对工程设施和下游地产的财产损坏价值的直接经济影响,也包括由于工程服务功能损失而产生的间接经济影响,如对航运的影响,供水、供电损失对社区的影响。④因工程失事所致增量洪水对下游造成的环境影响,这部分影响为超过无工程时相同量级洪水可能造成的环境影响的增量部分。

5.1.5 国际大坝委员会

为了解世界范围内各国大坝安全管理的总体情况,国际大坝委员会(ICOLD)大坝安全专委会(Committee on Dam Safety)自 2009 年向国际大坝委员会 60 多个活跃的成员国发出了关于大坝安全的调查问卷。调查问卷主要包括大坝安全立法(规章制度、组织机构和职责、监督和管理等)、大坝安全技术框架(技术导则、大坝安全评价实践等)、大坝分类(分类标准、分类项数、适用范围)。共有44个国家完成了调查问卷,其中欧洲25个、亚洲8个、北美洲3个、南美洲3个、非洲3个、大洋洲2个。从反馈的问卷可以看出,大坝分类作为一种定义大坝的方法应在世界范围内得到应用,这种定义受到大坝安全管理法律法规的制约。

根据溃坝后果、潜在危险或简单的几何参数(通常是大坝高度和水库库容)对大坝进行分类的做法源于经济和社会发展的需要。这种分级有助于确保对人民、财产和环境造成极低风险的损害,而不会对低危险大坝提出过高的安全要求。大坝的后果或危险分类与大坝溃坝概率以及民事防护措施效率无关。通过考虑下游河谷的数据(包括居民区的存在、基础设施、环境价值等),可以实现大坝的后果或危险分类。通过对大坝进行科学分类,大部分注意力通常放在后果最严重或潜在危险最大的大坝上,以确保最有效地利用资源。大坝分类可以用来限制大坝安全法律法规的范围和程度,并根据大坝的破坏后果/潜在危险对大坝的设计、建设和运行提出不同的要求。为此,需要结合新形势开展水库安全内涵及病险水库分类标准研究。

5.2 大坝安全的中国实践

中国拥有水库大坝9.8万余座、水电站近5万座,这些水库大坝在防洪、发电、水资源有效配置等方面发挥了重要作用。中国水库大坝具有"五多"的特点。

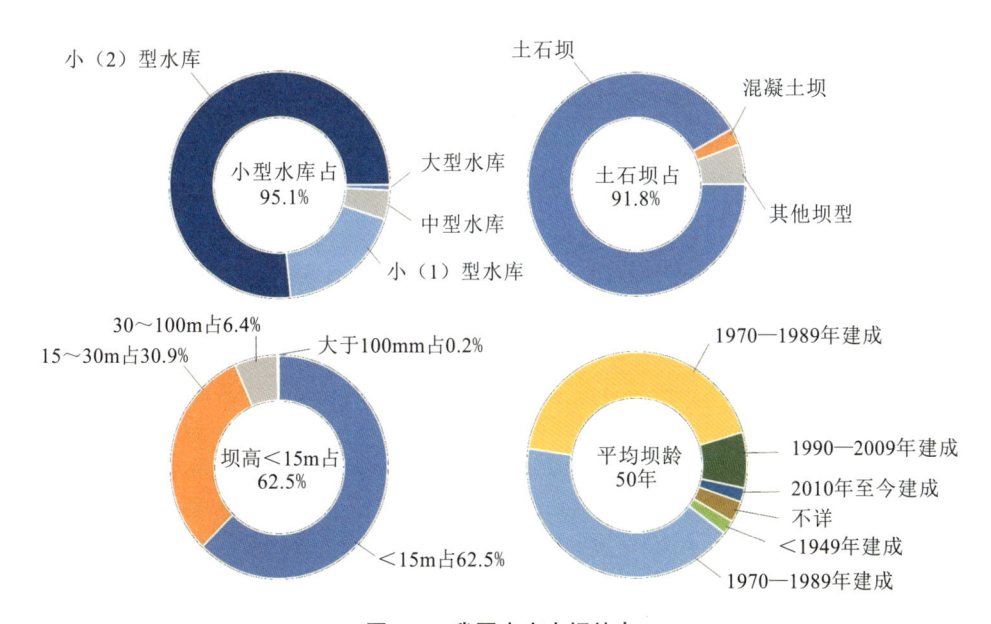

图5.2 我国水库大坝特点

一是总量多,中国现有水库约9.8万座,是世界上水库大坝最多的国家;
二是小水库多,中国现有水库中95%是小型水库;

三是土石坝多,中国的大坝中92%是土石坝;

四是高龄大坝数量多(坝龄长),中国现有水库大坝80%建于20世纪50—70年代;

五是高坝多,全世界已建成的200m以上的高坝有77座,中国有20座,占26%;全世界在建的200m以上的高坝有22座,中国有15座,占68%,均排第一位。

中国政府高度重视水库大坝安全及管理工作,特别是改革开放以来,通过落实大坝安全责任制,积极推进水库管理体制改革,建立健全水库大坝安全管理法规与标准体系,大力开展病险水库除险加固,加强非工程建设等一系列扎实工作,大坝安全状况显著改善,管理水平不断提高。经过多年实践,建立了以《水法》、《防洪法》为基础,以《水库大坝安全管理条例》为核心,《水库大坝注册登记办法》、《水库大坝安全鉴定办法》、《小型水库安全管理办法》等部门规章和和规范性文件配套,《水库工程管理设计规范》(SL 106)、《水库大坝安全评价导则》(SL 258)、《土石坝养护修理规程》(SL 210)、《混凝土坝养护修理规程》(SL 230)等技术标准支撑,适合中国国情并满足经济社会发展需要的水库大坝管理法规与标准体系。

表5.3　　　　　　　　　　现行水库大坝安全标准和病险标准

规范标准		确定项
SL252	《水利水电工程等级划分及洪水标准》	确定大坝及其附属建筑物的防洪标准、抗震设防标准、安全超高、结构安全系数、控制应力、容许渗透坡降等
GB 50201	《防洪标准》	
GB 18306	《中国地震动参数区划图》	
GB 51247	《水工建筑物抗震设计标准》	
SL 274	《碾压式土石坝设计规范》	
SL 319	《混凝土重力坝设计规范》	
SL 282	《混凝土拱坝设计规范》	
SL 25	《砌石坝设计规范》	
SL 228	《混凝土面板堆石坝设计规范》	
SL 501	《土石坝沥青混凝土面板和心墙设计规范》	
SL 314	《碾压混凝土坝设计规范》	
SL 253	《溢洪道设计规范》	
SL 279	《水工隧洞设计规范》	
SL 281	《水电站压力钢管设计规范》	
SL 379	《水工挡土墙设计规范》	
SL 285	《水利水电工程进水口设计规范》	
SL 386	《水利水电工程边坡设计规范》	
SL 74	《水利水电工程钢闸门设计规范》	
SL 106	《水库工程管理设计规范》	确定水库运行管理机构、管理人员和安全监测、防汛交通、通信、管理房、防汛仓库、应急设备等管理设施的配置标准
SL 551	《土石坝安全监测技术规范》	
SL 601	《混凝土坝安全监测技术规范》	

根据《水库大坝安全管理条例》以及部门规章与规范性文件要求,并结合水库大坝运行管理实际和发展需求,注册登记、调度运用、防汛抢险、检查监测、维修养护、安全鉴定、除险加固、降等报废和应急管理等水库大坝运行管理制度逐步建立健全,有效促进和规范了大坝安全管理工作。

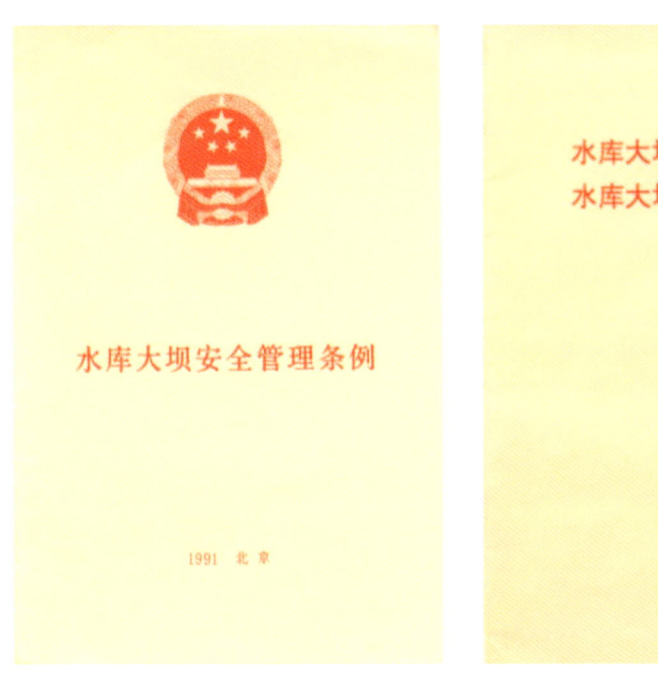

图 5.3　水库大坝安全管理条例

根据《水库大坝安全鉴定办法》(1995 年发布,2003 年修订)规定,水库大坝实行定期安全鉴定制度,首次安全鉴定应在竣工验收后 5 年内进行,以后每隔 6~10 年开展一次。其间,当大坝出现严重险情或水库运行条件发生重大改变时,应对大坝安全进行复核或组织全面鉴定。

2000 年,水利部发布了《水库大坝安全评价导则》(SL 258—2000),作为《水库大坝安全鉴定办法》的配套技术标准,明确了水库大坝安全评价的具体技术要求,提高了《水库大坝安全鉴定办法》的可操作性。评价导则主要为配合做好大坝安全鉴定工作,规范其技术工作的内容、方法及标准(准则)而制定。从现场安全检查及安全检测、安全监测资料分析、工程质量评价、运行管理评价、防洪能力复核、渗流安全评价、结构安全评价、抗震安全评价以及金属结构安全评价等方面进行细化和规范。《水库大坝安全评价导则》2017 年修订后发布,对保障水库大坝安全运行、规范与指导水库大坝安全鉴定工作、确保病险水库除险加固的针对性和科学性发挥了巨大作用,荣获 2020 年中国标准创新贡献二等奖,这是水利行业标准多年来首次获得该奖励。由于其"实用性"和"先进性",在我国水库大坝领域得到广泛应用,同时具有广阔的国际推广应用前景。

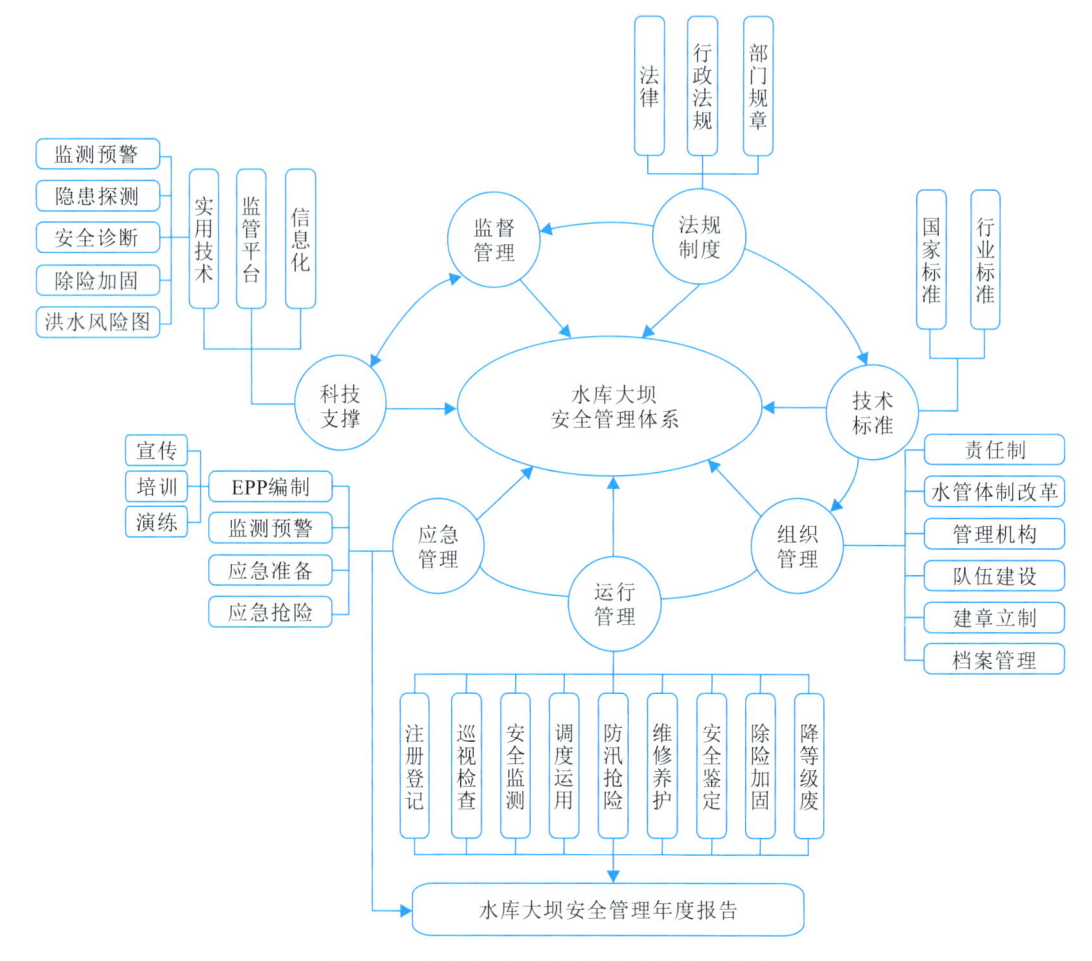

图 5.4　水库大坝安全管理体系架构示意图

水利部于 1988 年成立了水利部大坝安全管理中心，归口管理全国水库大坝安全，具体负责组织编制、修订与水库大坝安全管理有关的法规、标准；汇总全国水库大坝注册登记资料，主持开发"全国水库大坝基础数据库信息系统"；指导全国水库大坝定期安全检查、鉴定、评估，核查"三类坝"鉴定材料，组织开展小型水库安全与管理状况调研及国际合作与交流，全面准确地掌握我国水库大坝安全与管理基本情况以及国内外水库大坝安全与管理技术动态。

湄公河国家与中国依山傍水，澜沧江—湄公河是沿岸六国民众世代繁衍生息的摇篮，孕育了澜湄国家各具特色又相亲相近的多彩文化，形成了各国间历史悠久、深厚广泛的经济和人文联系。近年来，澜湄国家在不同程度上受到大坝安全方面的威胁和挑战，大坝安全作为影响民生安全的重要因素，被列为澜湄五大重点合作领域水资源合作的重要方向之一，被纳入澜湄合作外长会联合公报。中国在水库大坝安全管理方面的经验及自身发展的历程、经验和教训对湄公河沿岸各发展中国家有很好的借鉴作用。其中包括：

（1）共享中国先进实用的大坝安全管理技术与经验，将安全发展的理念贯彻于大坝运行阶段；

(2)加强水电站大坝安全运行管理法规制度和技术标准建设。针对老挝、柬埔寨、越南的关切，协助老挝、越南、柬埔寨及湄公河流域国家制定与编制符合本国特点的《大坝安全鉴定办法》，以及技术标准《大坝安全评价导则》，建立健全管理法规制度与技术标准体系。

(3)提供一揽子小型水库运行管理经验。为越南等国提供中国小型水库管理经验作为参考，包括大坝注册登记、除险加固、应急管理、降等报废等制度等。以中国东部地区如江苏、浙江等小型水库管理经验为基础，提供越南等国家提高小型水库社会经济与生态环境效益的实践经验。

(4)通过多座典型大坝已建、在建水电站大坝管理能力提升示范示范应用，显著提升其水库大坝安全管理水平。

5.3 澜湄国家大坝建设及安全现状

5.3.1 澜湄国家水电站基本信息

湄公河流域缅甸、老挝、泰国、柬埔寨和越南五国是我国的友好邻邦。自上世纪90年代起，各国纷纷加快水电开发步伐。据不完全统计，欲成为"中南半岛蓄电池"的老挝，目前已投产运行的水电站64座，总装机9,612MW，在建水电站近22座；缅甸国内现有水电站大坝超过242座，规划中的水电站大坝数量近百座；柬埔寨水电站主要集中在东北部和西部，2019年，7个水电已建项目装机为1329.7MW；越南水库约有7100座，其中水电站大坝345座，水库大坝6755座，约有1200座大坝处于退化状况；泰国已建水电站共计1372座，大型水电站总装机为2906.2MW。上述五国水库大坝的数量、规模较为庞大，详见表5.4。

表5.4 湄公河流域五国水库大坝数量一览表

序号	国家	大坝数量	备注
1	老挝	64	
2	缅甸	242	
3	越南	7100	
4	泰国	1372	
5	柬埔寨	15	

2018年，老挝桑片—桑南内水电站、缅甸斯瓦尔河大坝发生两起溃坝事件，造成了巨大人员伤亡和财产损失，引起了国际社会对大坝安全问题的高度关注，同时也暴露出湄公河流域国家在大坝建设、运行管理方面存在较严重的短板问题(近年来的溃坝分布见图5.5所示)，主要表现为：一是缺少国家层面的"大坝安全计划"，缺少配套的法律法规、技术标准支

撑体系；二是高坝大库数量多，主要通过国外投资建设，受多方面条件限制、筑坝质量参差不齐；区域性极端天气频现、自然条件复杂，导致大坝面临较高的安全风险，易发生安全事故；三是大多数河流水文记录缺失、降雨资料不准，工程规划设计阶段缺乏详实的数据支撑，造成设计成果与实际运行情况不符；四是在运行期缺乏工情、雨情、水情等数据的实时监测，无法实现工程全生命周期信息的有效监控、预警与管理。总体而言，湄公河流域大坝安全管理体系不健全，安全状态掌控程度低，大坝安全现状堪忧，"澜湄国家大坝运行安全保障体系建设与示范"行动迫在眉睫。

2016年3月，澜沧江—湄公河合作首次领导人会议在中国三亚成功举行，水资源合作被列为五大优先合作领域之一。2018年4月，在湄公河委员会第三届峰会上，水利部部长鄂竟平率中国代表团出席会议并发言，提出进一步加强务实合作，中方愿发挥自身优势，为各国开展技术培训。2018年12月，国务委员兼外长王毅在老挝出席澜湄合作第四次外长会后明确提出"坚持民生为本，推动澜湄合作更接地气。在教育、减贫、医疗卫生、大坝安全等领域实施一批新项目，让更多民众受益"。随着澜沧江—湄公河合作五年行动计划（2018—2022）的推进，澜湄国家水库大坝安全领域合作迎来新的发展契机。

图 5.5 湄公河流域近年来溃坝案例

5.3.2 澜湄各国大坝安全管理现状

5.3.2.1 老挝大坝安全管理及需求问题

老挝的水能资源丰富，水电资源蕴藏量为 36,000W。欲成为"中南半岛蓄电池"的老挝，目前已建水电站 65 座，装机 9,612MW；在建水电站 22 座，装机 4,650MW；老挝政府水电装机计划于 2025 年达到 12GW，于 2030 年超过 20GW。境内最高坝为 Nam Ngum 3 混凝土面板堆石坝，坝高 210m；最大库容大坝为 Nam Ngum 1 水库，库容 70 亿 m³；装机容量最大的为 1,285MW 的 Xaiyaburi 水电站。

图 5.6　老挝水电站大坝分布

老挝水电开发历史较短,与水电站开发建设和水库大坝安全管理相关的法律法规、技术标准比较缺乏,大坝安全运行管理体系尚不健全。现有的相关法规体系包括:

•《电力法》(Electricity Law),1997 年颁布,2008 年第一次修订,2012 年第二次修订,2017 年第三次修订并于 2018 年生效。

•《老挝电力能源技术标准》(Lao Electrical Power Technical Standard,LEPTS),2004 年提出,2014 年初审,2018 年审查总结,为水电设施的设计、建设和运行提供导则,是老挝水电站开发和管理所依据的主要标准。

•《水电开发政策》(Government Policy on Hydropower Development),2005 年提出。

•《LEPTS 执行导则》(Guideline for Implementation of LEPTS),2007 年提出。

•《可持续水电开发政策》(Sustainable Hydropower Development Policy),2015 年提出。

•《老挝大坝安全导则》(Lao Dam Safety Guidelines),作为 LEPTS 一部分,2016 年提

出，2018年完成，内容覆盖大坝安全培训、文件编制、质量控制和管理程序、监督检查、仪器监测、岩土及土工、应急行动计划、水库蓄水等方面。

- 《水法》(Water law)，2017年颁布。
- 《国家环境标准法令》(Decree on National Environmental Standards)，2017年颁布。
- 《地下水法令》(Decree on Ground Water)，2019年颁布。

在大坝安全的行政管理方面，老挝没有专门机构负责水电站大坝安全的监督管理，没有大坝注册制度，只有能源与矿产部的能源管理司按照LEPTS要求，负责大坝的设计审查，以及工程开工、水库蓄水和工程完工时的许可。另外，自然资源和环境部负责大坝防洪调度及失事风险对环境的影响。老挝能源矿产部组织结构见图5.7。

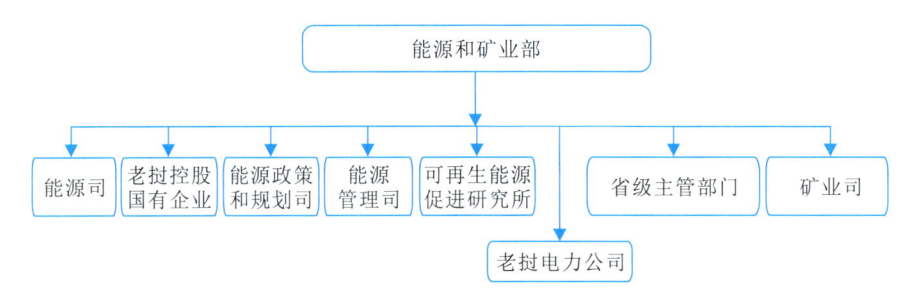

图 5.7　老挝能源矿产部组织机构图

2018年洪水，老挝桑片—桑南内水电站发生溃坝事件，造成巨大人员伤亡和财产损失。该事件发生后，老挝政府立即发布命令暂停所有356座小型水电站工程建设以实施安全检查，其中DEM和专委会负责7~8个工程。按照LEPTS规定，项目业主在地震、洪水和暴雨等极端荷载发生时，需要进行大坝应急安全检查并汇报DEM。2018年洪水后，DEM要求所有工程业主都必须进行大坝应急安全检查，目前这项工作还在继续。

针对水电站开发及运行过程中的大坝失事风险，老挝政府层面上暂时没有任何应急预案，私人公司建设的电站虽形式上制定有应急行动方案(EAP)但难以实施，因政府尚没有负责此项工作的法定部门。2019年8月4日，老挝一私人公司建设的川矿省南线河投运2年的Kengkhouan电站大坝垮塌，暴露出该项工作存在的突出问题。目前，DEM已经在《大坝评价导则》中就制定EAP做了相关规定。

目前，老挝国家在大坝建设、运行管理等方面均存在突出短板，不仅缺少水电站开发的系统专业技术知识和法规体系，也缺少专业的技术指导和工程质量控制人员。DEM虽然能够对工程建设的关键节点进行控制，但DEM组织体系和人员均欠缺，技术能力有限，仅能发挥宏观层面的管理作用，并不能减轻工程业主对大坝安全的责任。因此，老挝急盼建立一个政府或行业级别的监督机构专门负责大坝安全，但如何构建该组织的结构体系和管理机构，急需中国方面给予建议和支撑。另外，在水电站开发的工程设计和施工规范的制定，工程质量检测和竣工验收的管理办法和规范的制定，已建大坝运行维护、安全监督、定期评估、运行调度、应急预案等技术标准体系建设，以及相关技术人员和管理专家的培训等方面，也特别希望中方能提供技术经验和帮助。

5.3.2.2 越南大坝安全管理及需求问题

越南共有水库 7,100 座，按照坝高和库容分为大型水库 675 座，中型和小型水库 6425 座；其中水电站大坝 345 座，大型水电站（装机容量大于 30MW）189 座，最大水电站为装机容量 2400MW 的 Son La 水电站，小型水电站（装机容量小于 30MW）156 座，其余 6755 座为灌溉大坝。

政府十分重视水库大坝安全运行管理工作，多年来发展形成了相对完整的法规制度和技术标准体系。越南水电站与大坝安全运行管理法规制度总体齐全，与水电站大坝安全运行管理有关的主要法规如下：

- 《环境保护法》(Law on Environmental Protection)，2005 年发布。
- 《水资源法》(Law on Water Resources)，2013 年修订。
- 《建筑法》(Law on Construction)，2014 年发布。
- 《调整环境服务付费条例：增加水电、供水等生态补偿费用》(Adjusted decree on payment for environmental service: increased fee of PES for hydropower and water supply)，2016 年发布。
- 《灌溉法》(Law on Irrigation)，2017 年发布。
- 《水库大坝安全管理条例》(Decree on Dam Safety Management)，2018 年发布。
- 《TCVN 8412:2010：水工结构—操作规程编制指南》(TCVN 8412:2010：Hydraulic structure-Guideline for setting operation procedure)，2010 年发布。
- 《TCVN 8414:2010：水工结构—水库管理、运行和检查规程》(TCVN 8414:2010：Hydraulic structure - Procedure for Management, Operation, and Inspection of reservoir)，2010 年发布。
- 《TCKT 03:2015：紧急泄洪和大坝溃坝情况下的淹没图编制指南》(TCKT 03:2015：Guidelines for inundation mapping in cases of emergency flood release and dam failure)，2015 年发布。
- 《TCVN 11699:2018：水工结构—大坝安全评价》(TCVN 11699:2018：Hydraulic structure - Dam safety assessment)，2018 年发布。
- 越南大坝安全管理机构和组织体系较为完备，且分为中央和地方两个层次（图 2-5）。其中农业和农村发展部(Ministry of Agriculture and Rural Development，MAED)从中央层面负责灌溉水库大坝的安全，对应的地方机构为农业和农村发展局(Department of Agriculture and Rural Development，DARD)。工业贸易部(Ministry of Industry and Trade，MoIT)从中央层面负责水电站大坝的安全，对应的地方机构为工业和贸易局

(Department of Industry and Trade,DoIT)。

- 另外,自然资源和环境部(Ministry of Natural Resources and Environment,MONRE)与MARD、MOIT 三部委合作规划国家重点流域水库间的调度,并进行流域内水库调度程序的编制与协调,以及调度过程中的技术审查与监督。建设部(Ministry of Construction,MoC)负责大坝及与大坝安全相关项目的建筑工程质量。科学技术部(Ministry of Science and Technology,MoST)牵头对梯级开发的国家重点水电站大坝进行检查和评价,确保其安全运行。大坝所有者负责管理和确保大坝运行安全,主要工作包括:大坝安全注册、信息上报、安全监测、维修养护、大坝安全状态报告等。越南水利管理组织机构见图 5.8。

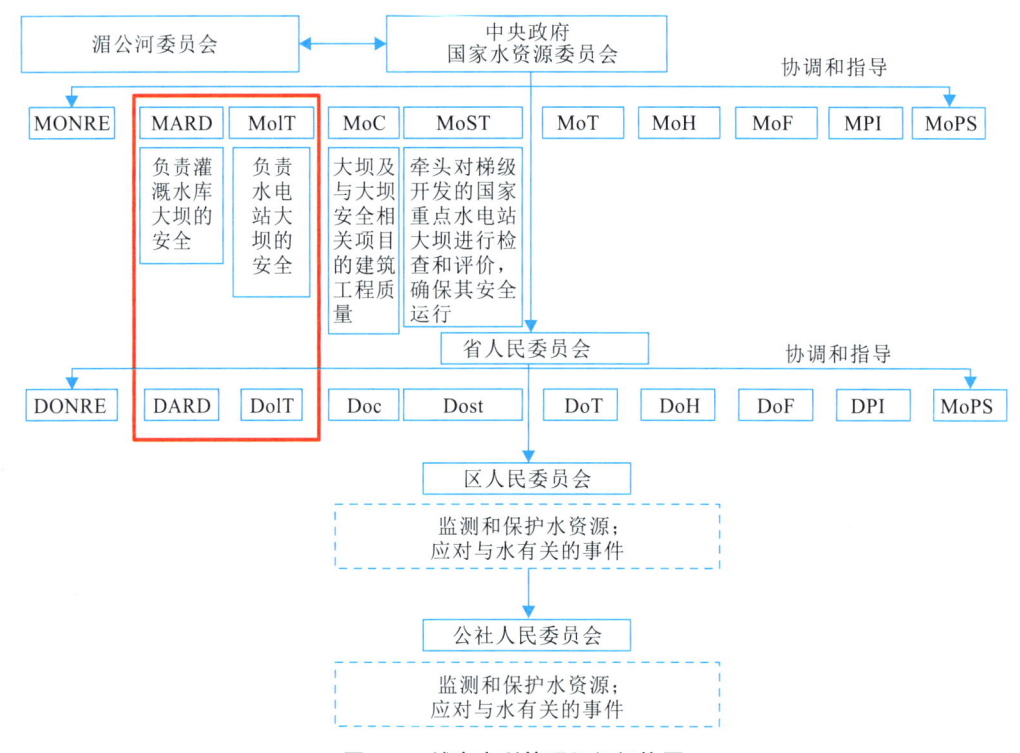

图 5.8 越南水利管理组织机构图

越南关于水电站与大坝安全的法律法规制度总体齐全,管理体系相对健全,技术相对成熟,一些大型水库也制定有应急预案,但也存在一些需要改进的方面。在技术标准方面,大坝工程的勘察、设计、施工、验收的技术标准和规范具有一定局限性。如应修订和更新多年前建立的水文特征计算规范,以适应现状气候变化影响;一些新型坝体结构设计和施工缺乏国家标准,只能采用国外相关标准等。在移民问题上,截至 2013 年,水电站大坝建设已产生约 6 万户人家和 24 万人移民,90%的移民是贫穷的少数民族,搬迁后生活水平下降。在小水电开发上,大多数小水电项目没有严格遵守法律规定的大坝安全措施,大约 66%的中小型水库大坝缺乏安全计划,55%缺乏防洪方案,从而导致不可预测的风险,以及上、下游省份之间的水纠纷。在环境影响上,2010~2014 年期间,电力短缺,小水电快速发展,导致森林被砍伐，宝贵的土地和生态资源破坏严重。现如今任何与森林相关的水电项目均被推迟。以上情况部分与我国类似，值得共同探讨，共同寻求水库大坝可持续发展之路。

5.3.2.3 泰国大坝安全管理及需求问题

泰国已建水库大坝 1,372 座，其中农业部皇家灌溉司（Royal Irrigation Department, Ministry of Agriculture）管理水库 1347 座，大型水库（库容大于 1 亿 m^3）23 座，总库容 95 亿 m^3；能源部电力局（Electricity Generating Authority, Ministry of Energy）管理水电站 25 座，总装机容量 3,488MW，大型水电站（装机容量大于 100MW）7 座，最大装机容量为 Bhumibol 水电站的 779MW。泰国大型水库及水电站分布见图 5.9。

图 5.9 泰国大型水库分布图

泰国的大坝工程师在工程建设期主要依据美国的一些行业计算方法和规范进行大坝的结构稳定、抗滑稳定、渗流分析和结构的防洪、抗震设计等，如：

· 《混凝土结构稳定性分析》（Stability Analysis of Concrete Structures），美国陆军工程兵团（US Army Corps of Engineers），2005 年 12 月 1 日；

· 《水工混凝土结构抗震设计与评价》（Earthquake Design and Evaluation of Concrete Hydraulic Structures），美国陆军工程兵团，2007 年 5 月 1 日；

•《混凝土结构的建筑规范要求(ACI 318M-11)和注释》(Building Code Requirements for Structure Concrete (ACI 318M-11) and Commentary),美国混凝土学会(American Concrete Institute),2007年5月1日。

在大坝运行管理中,强调大坝基础缺陷、渗流、侵蚀、位移和沉降、泄洪设施漫顶、库岸滑坡、地震等病险情况的巡视检查和仪器监测,并制定有相应的工作手册(图5.10)。

大坝安全管理指南 　　　　　　　　大坝及其附属建筑物风险分析指南

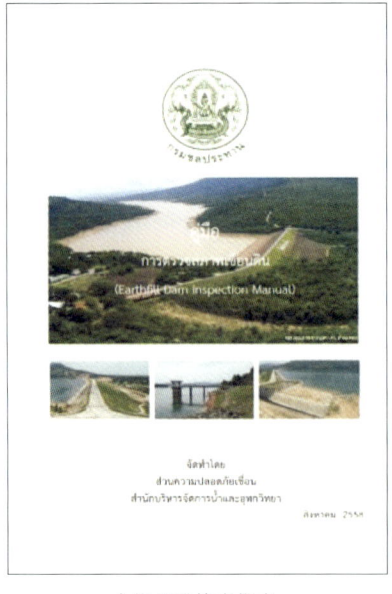

大坝目视检查指南 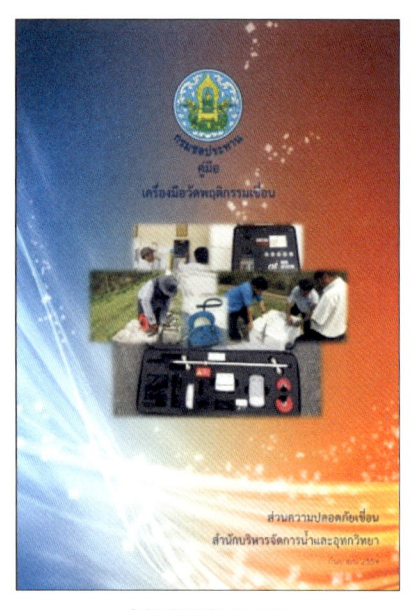　　　　　　　　大坝监测仪器手册

图5.10　泰国大坝安全管理工作手册

泰国没有专门的大坝安全监督机构,大坝安全管理程序(图 5.11)参照国际大坝委员会公告 138—2009 执行。其中对于电力局重点保障的大坝,EGAT 每隔 5~10 年进行综合检查。在此期间,EGAT 所属的大坝安全委员会进行中间检查,检查内容包括对大坝的各种性状变化信息进行评估等,通常每隔 1~2 年进行一次。除了常规检查外,还要求根据需要进行特殊检查,特殊检查工作可由专家承担,常规可视检查可由大坝工作人员进行。

为有效分析调控大坝安全服役风险,泰国正在对全国 14 座主要大坝构建远程监控系统(图 5.12),以使得大坝的监测数据可以被远程监控和分析,为早期预警和预防措施提供支撑。远程监测系统由安装在大坝上的远程终端装置收集所有来自大坝传感器的数据并传送到主计算机上,实现 24 小时实时监控并及时对大坝性态进行反馈调控。

图 5.11 泰国采用的大坝安全管理程序

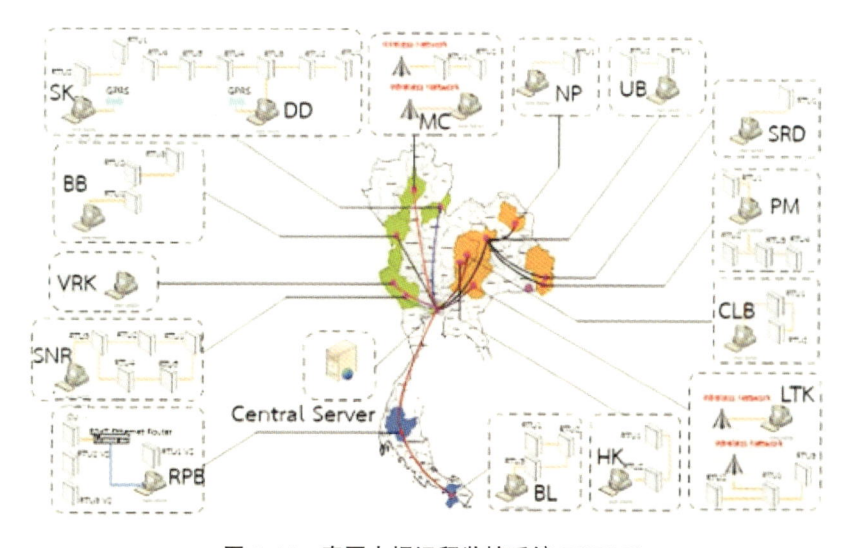

图 5.12 泰国大坝远程监控系统 DS-RMS

目前,泰国在水电站的开发上也同样面临环境问题以及政府政策的调整。泰国水能储量丰富的地区森林覆盖完好,从未受到过任何形式的外界影响,修建水库的环境影响非常令人担忧,非政府组织和民间社会并不接受大型水电的开发。另外,为了适应政策的调整,产生了设计的修改、水生环境的保护、移民等一些列问题,环境变化带来的不可预料的水文条件也是挑战。除此之外,在大坝安全方面的技术和管理专家培训、设计、建设、运行、维护等规范体系的建设方面,泰国也有着强烈的内在需求。

5.4 澜湄大坝健康体检实践

5.4.1 健康体检智能支持云平台研发

以《水库大坝安全鉴定办法》《水库大坝安全评价导则》《水工设计手册》等相关技术标准与规程规范、设计手册为依据,结合地理信息系统、智能学习算法、大数据统计、水工结构、水力学、岩土力学等技术手段和专业知识,开发了澜湄大坝健康体检行动智能支持云服务平台,该平台实现基于图集法的中小型水库设计洪水计算、调洪验算与防洪能力复核计算;泄输水建筑物泄流能力与消能防冲计算;水工程建筑物结构复核计算;大坝安全监测系统鉴定与监测资料建模分析等功能。同时,严格按照规范和设计要求,对安全鉴定分析内容进行全面梳理和量化,建立多层次鉴定评价分级评价体系,功能模块包括:基础信息、现场检查、现场检测、资料分析、工程质量、运行管理、防洪能力、渗流安全、结构与抗震安全、金属结构安全、综合评价、鉴定报告书编制等,为水库大坝的安全鉴定提供了全面有效的技术支持。

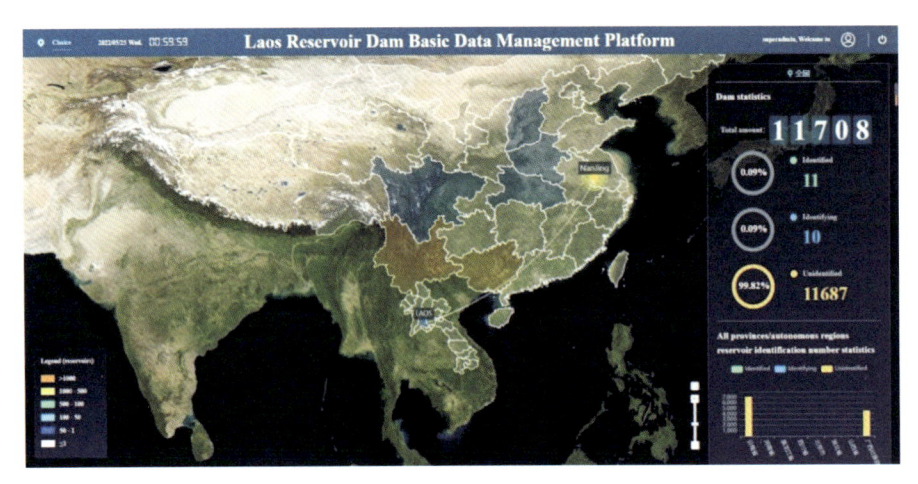

图 5.13 澜湄大坝健康体检行动智能支持云服务平台

澜湄大坝健康体检行动智能支持云服务平台具有以下技术特点:

(1)基础情况、现场检查、现场检测模块,实现数据填报、图片上传、数据挖掘分析,自动编辑成册,报告成果输出。

(2)工程质量、运行管理、调度规程、应急预案模块,基于相关法规、规范和设计手册,形成分析评价体系,通过大数据分析,实现安全等级的评价。

(3)形成渗流、结构、应力、水力学计算工具箱,提供多种水工建筑物安全评价计算分析工具,实现高效、准确的水库大坝工程安全评价计算目标。

(4)综合评价、鉴定报告书模块,融合鉴定分析评价体系和各项评价结果,统计输出基础鉴定报告书,辅助鉴定报告的编写。

澜湄大坝健康体检行动智能支持云服务平台技术指标包括:

(1)大坝数量和并发操作

支持省级区域不同类型与规模大坝基础信息存储、调用、显示等管理;同时支持100座以上水库的并发数据传输、分析计算。

(2)结构渗流等模型计算耗时和精度

坝顶超高、结构稳定等基础计算单次耗时不超过10s;水库调度、数据统计分析单次计算耗时不超过20s;中小型水库大坝结构渗流等有限元单次计算耗时不超过120s;计算精度不低于同领域现有同等商业软件精度。

(3)安全鉴定成果输出

以相关法规、规范为依据,全面包含现有安全鉴定评价条目;单个水库安全鉴定评价分析条目不少于1000条。

澜湄大坝健康体检行动智能支持云服务平台开发,实现水库大坝安全鉴定的高效智能化,能够降低人员交通、现场调研、数据收集整理、工程计算分析、成果报告整理等工作成本;解决水库安全鉴定和安全检查过程相关难题,安全鉴定效率显著提升,便于水库运行管理人员现场安全检查隐患发现,保障了水库大坝安全长效运行。

5.4.2 中国大坝安全法规及技术标准分享

为了给老挝、越南、柬埔寨等湄公河流域国家提供中国标准,更好服务湄公河流域国家,项目实施单位组织翻译了相关技术标准和导则,分享给项目合作方。其中包括:

(1)行政法规类

《水库大坝安全管理条例》。

(2)规范性文件类

《水库大坝注册登记办法》《水库大坝安全鉴定办法》《水电站大坝运行安全监督管理规定》等。

(3)技术标准类

《水库大坝安全评价导则》《土石坝安全监测技术规范》《土石坝养护修理规程》《混凝土坝安全监测技术规范》等。

(4)技术指南类

《土石坝工程现场检查指南》《混凝土坝与砌石坝工程现场检查指南》《输泄水建筑物工

程现场检查指南》《坝基与进坝库岸现场检查指南》《金属结构与机电设备现场检查指南》《材料缺陷识别方法》等。

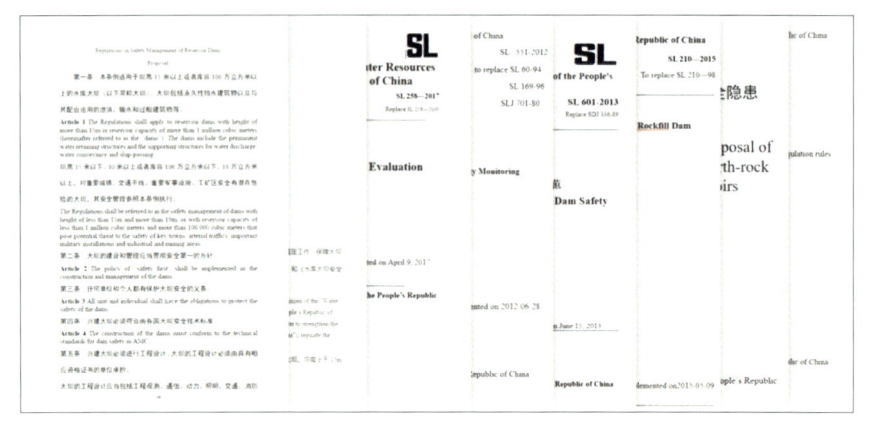

图 5.14　中国大坝安全法规及技术标准分享

5.4.3　道耶坎二级水电站大坝工程健康体检

5.4.3.1　工程概况

道耶坎二级水电站［Thaukyegat（2），图 5.15］位于缅甸锡唐（Sittaung）河流域，东吁（Taungoo）市以东 21km，坝址以上流域面积约 2152km^2，多年平均流量 134m^3/s，多年平均径流量 42.2 亿 m^3。本工程以发电为主，兼有灌溉及其他综合效益。水库正常蓄水位 127m，死水位 95m，校核洪水位 130.34m，总库容 4.426 亿 m^3，正常蓄水位对应库容 4.003 亿 m^3，调节库容 3.163 亿 m^3，具有年调节性。电站装机容量为 120MW，年平均发电量为 6.047 亿 kW·h。

图 5.15　道耶坎二级水电站大坝

本工程属于二等大(2)型工程。枢纽建筑物主要由大坝、副坝、溢洪道、引水发电系统以及导流设施等组成。大坝布置于WWS向河谷的主河床,为混凝土面板堆石坝,坝顶高程133m,河床趾板基础高程42m,最大坝高91m,坝顶长度381.0m。面板顶高程129m,坝顶上游面布置防浪墙,防浪墙顶高程134.2m,墙高5.2m。

3个副坝布置于大坝左岸上游副坝区的几个垭口处,距离大坝直线距离约2500m,为均质土坝,坝顶高程均为134.0m,其中1号副坝最大坝高20.8m,坝顶长度98m;2号副坝最大坝高30.3m,坝顶长度147.0m;3号副坝最大坝高46.2m,坝顶长度254m。

溢洪道布置于大坝上游左岸的鞍部山体,距离大坝直线距离约700m,共布置5孔10m×12m的有闸控制溢流表孔,表孔堰顶高程115m。溢洪道坝顶高程133.0m,最大坝高34.0m,控制段坝顶长度140.8m。

非常溢洪道布置在1号副坝与2号副坝中间的小山包上,底部开挖高程127.0m。非常溢洪道流道中间设置挡水埝,顶部高程127.5m,挡水埝顶部宽5m,长度92m。

引水发电系统布置于左岸,主要由引水隧洞及厂房等组成。引水洞进口位于大坝上游,从NNW向的河道左岸取水,出口及厂房位于大坝下游。引水隧洞长538m,厂房为岸边地面厂房。引水隧洞进水口高程77m,上游设置拦沙坎,坎顶高程80.0m,引水洞直径8.5m,出口采用斜三岔管,岔管直径3.5m。厂房宽66.1m,长34.60m;开关站宽75m,长68m。电站装机容量120MW,3台单机容量40MW的混流式水轮机机组,保证出力32.3MW。

通过开展防洪度汛及运行调度评价、工程地质评价、枢纽建筑物设计评价、土建工程施工质量评价、安全监测评价及金属结构评价,得出结论和建议。

5.4.3.2 安全鉴定结论

(1)经复核,道耶坎二级水电站工程等别、建筑物级别、洪水标准和校核设计标准满足《防洪标准》(GB 50201—1994)、《水电枢纽工程等级划分及设计安全标准》(DL/T 5180—2003)和《水工建筑物抗震设计规范》(DL/T 5073—2000)的规定,防洪调度运行方式可满足工程安全运行的需要。

(2)大坝等挡水建筑物地震加速度设计值取0.3g,其他附属建筑物地震加速度设计值取0.2g(对应抗震设防烈度为Ⅷ)。近坝库段库岸总体稳定,无滑坡体分布,仅在左岸陡坡地带有发生小型坍岸的可能性,对大坝等主要建筑物无直接危害。对河湾地块的封闭条件进行了复核,认为河湾渗漏问题不严重。混凝土面板堆石坝趾板建基岩体整体质量较差,其中左趾板的第一段、右趾板的第一段至第三段岩体风化强烈,开挖揭露建基岩体以全风化为主。

(3)经复核,混凝土面板堆石坝设计满足现行有关规程规范要求,工程设计是安全的;副坝坝坡稳定计算结果表明,在各种工况下的上下游坝坡稳定安全系数均满足规范要求;溢洪道设计是安全的,满足工程运行的要求。

(4)安全监测布置满足规范要求。

(5)各建筑物闸门、拦污栅、压力钢管的设计满足规范要求,启闭机的使用功能满足规范要求。

5.4.3.3 工作建议

(1)水库蓄水后需加强水库区岸坡稳定性的监测工作,前期库岸调查期间因出于安全原因的考虑,仅完成了近坝段10km的调查范围。

(2)加强工程区人工边坡稳定性的监测工作,特别是导流洞进口边坡、引水洞进口左侧滑坡体、引水洞出口高边坡及溢洪道挑流鼻坎两侧土质边坡等部位的监测工作。

(3)加强非常溢洪道过流期间的地质巡视工作。

(4)密切注视大坝至副坝一线库外坡体的地下水变化情况的监测工作。

5.4.4 伊江上游水电项目施工电源电站大坝健康体检

5.4.4.1 工程概况

伊江上游水电项目施工电源电站(又称小其培水电站)位于缅甸克钦邦境内,电站为引水式,从其培河引水。取水坝位于恩梅开江左岸支流其培河上,距其培市约15km;厂房位于其培市下游约9km的恩梅开江左岸,引水线路长约11.22km。

施工电源电站主要功能为发电,工程规模为中型Ⅲ等工程。水库正常蓄水位为740.00m,死水位735.00m,校核洪水位为745.99m,总库容为123.4万m^3;电站装机容量为99MW,保证出力25.9MW,多年平均年发电量为5.99亿kW·h。

坝址区其培河呈北西325°流向,河谷开阔顺直,谷底宽60m~90m。正常蓄水位740m时河谷宽约155m~169m,沿河两岸发育Ⅰ、Ⅱ级阶地平台。坝址区基岩为前寒武系花岗片麻岩。

施工电源电站为引水式电站,主要由大坝、发电引水系统、厂房及尾水渠等主要建筑物组成。大坝及电站进水口位于恩梅开江一级支流其培河上,大坝为混凝土重力坝,采用坝式进水口,引水线路采用折线方案;厂房及尾水渠位于恩梅开江左岸,厂房采用明厂房,厂房轴线与压力钢管轴线成30°。

大坝为混凝土重力坝,坝顶高程为747.5m,最大坝高55.5m,坝顶长度234.7m。大坝断面基本三角形上游面为铅直面,下游坝坡坡比为1:0.75。大坝由左右非溢流坝段、河床溢流坝段、电站进水口坝段等组成。

厂房位于其培市下游约9km的恩梅开江左岸斜坡上。斜坡坡顶高程约1100m~1500m,相对高差约800m~1200m,地形相对较平缓,地形坡度25°左右。厂房区大面积残坡积物覆盖,零星可见闪长花岗片麻岩出露。厂房区基岩为前寒武系花岗片麻岩。

引水线路位于其培河左岸,进水口高程725.5m,沿线地表高程约788~1387m,最大相对高差约600m,小冲沟发育,间距约60~400m。压力钢管埋管段长约1428m,电站进水口明管段长约59.3m,厂房段明管长约78.4m。引水线路沿线出露基岩为前寒武系花岗片麻岩。

电源电站工程2008年3月前期工程开工,2009年11月工程截流,2010年11月大坝浇筑至坝顶高程747.50m,2011年3月下闸蓄水及首台机组发电,2011年4月机组全部发电,施工总工期3年1个月。

目前,小其培电站装机容量占缅北电网的70%,发电量占缅北地区的60%。供电范围覆盖克钦邦的其培、密支那、莫高、和平、莫宁等地,并延伸到实皆省,受益人数不断增加,为缅北提供稳定、充足的电力,方便了民众的生产、生活。

图5.16 电源电站大坝

通过开展防洪度汛及运行调度评价、工程地质评价、枢纽建筑物设计评价、安全监测评价、金属结构评价,得出结论和建议。

5.4.4.2 安全鉴定结论

(1)经复核,电源电站工程等别、建筑物级别、洪水标准和校核设计标准满足《防洪标准》(GB 50201—1994)、《水电枢纽工程等级划分及设计安全标准》(DL/T 5180—2003)和《水工建筑物抗震设计规范》(DL/T 5073—2000)的规定,水文径流、设计洪水及泥沙成果合理。

(2)经复核,场区位于区域构造相对稳定的地区,近场区5km范围内未发现活动断裂。工程区50年超越概率10%的地震动峰值加速度为0.17g,相应的地震基本烈度为Ⅷ度。水库区封闭条件较好,不存在水库渗漏问题;水库库岸稳定性较好,但存在水库淤积问题。坝基岩体完整性与强度均满足设计及规范要求。护坦和横向齿槽工程地质条件能满足设计要求。大坝、电站进水口和导流洞进出口边坡稳定,不存在影响主体建筑物正常运行的安全隐患。坝基防渗帷幕透水性小,符合设计标准。导流洞堵头围岩稳定,岩体透水性弱,封堵后堵头段渗水可能性小。

(3)混凝土重力坝坝顶高程及大坝交通满足要求,大坝建基面稳定应力、防渗系统封闭均满足要求。枢纽泄流能力满足校核洪水和设计洪水情况下泄的要求，溢流坝面满足抗冲耐磨要求，下游消能防冲满足要求。泄洪排沙孔泄流能力、抗冲刷及消能防冲满足要求，排沙孔应力、配筋满足规范要求。坝式进水口满足水力及结构要求。

（4）电站主体工程混凝土骨料物理性指标与强度基本达到规范要求，碱活性试验成果符合国家规程要求。料场储量丰富，质量基本满足要求。

（5）安全监测布置满足规范要求。

（6）闸门、拦污栅、压力钢管的设计满足规范要求，启闭机的使用功能满足规范要求。

5.4.4.3 下一步工作建议

（1）库首右岸阶地岸坡主要由粉质黏土夹砂卵砾石及少量风化块石组成，建议蓄水初期及运行中对该岸坡进行变形监测。

（2）2号危岩体经历施工期未发生变形，水库蓄水后部分将淹于水下，库水位的大幅变动，可能影响其稳定，建议对2号危岩体进行变形监测。

（3）建议在左右岸灌浆平硐设置一定的常规水位观测孔。

5.4.5 缅甸瑞丽江一级水电站大坝健康体检

5.4.5.1 工程概况

瑞丽江一级水电站位于缅甸北部掸邦境内紧邻中缅边界的瑞丽江干流上（图5.17），为引水式开发，装机容量 6×100MW。电站与缅甸南坎、腊戍公路的距离分别为63km、257km，距中国境内瑞丽94km。工程于2004年2月15日开工，2006年8月云南联合电力开发有限公司作为出资方按BOT模式开展项目的建设、运行和管理工作。2008年7月20日下闸蓄水，2008年9月5日首台机组发电，2009年4月29日最后一台机组投产发电。

图5.17 瑞丽江一级水电站大坝

坝址以上流域面积12595km^2,多年平均流量365m^3/s,总库容2411万m^3,为日调节水库,正常蓄水位725.00m,500年一遇设计洪水位731.68m,2000年一遇校核洪水位732.79m,死水位717.00m。

枢纽建筑物由混凝土重力坝、泄洪冲沙及消能建筑物、右岸引水系统和地面厂房等组成。按中国相关规范,工程为二等大(2)型工程,大坝等主要建筑物为2级建筑物。挡水及泄水建筑物防洪标准按重现期500年一遇洪水设计,2000年一遇洪水校核;消能防冲建筑物设计洪水标准按照重现期50年一遇洪水设计。

混凝土重力坝最大坝高47m,坝顶高程735.00m,坝顶长143.65m。坝体从左至右共分7个坝段,其中1号、5号~7号坝段分别为左、右岸非溢流坝段,2号~3号坝段为溢流表孔坝段,4号坝段为泄洪冲沙底孔坝段;设3孔溢流表孔和1孔泄洪冲沙底孔。表孔孔口净宽10m,堰顶高程709.00m。最大下泄流量为6802m^3/s,采用消力池底流消能。底孔进口底槛高程为695.00m,进口事故检修门断面尺寸为8 m×10.5m(宽×高),平面工作门控制断面尺寸为8 m×10m(宽×高),最大下泄流量990m^3/s,采用底流消能。

消力池宽50.5m,长度为69.123m,建基于弱风化基岩上,底板厚度2m。消力池底板高程690.00m,池后与河床地形自然衔接。

坝基岩体主要由中粒花岗质混合片麻岩、眼球状花岗质黑云混合片麻岩夹长英质片岩、黑云角闪片岩组成,岩石坚硬,岩体较完整,强度较高。坝址区场地基本烈度为Ⅷ度,设计阶段按Ⅷ度设防。

5.4.5.2 安全鉴定结论

通过对大坝设计标准符合性、大坝防洪安全性、地基安全性、大坝结构安全性、泄水消能建筑物结构安全性、近坝库岸和工程边坡安全性、闸门启闭机及其供电的安全性和运行可靠性评价及综合分析,得出瑞丽江一级水电站大坝的鉴定意见如下。

瑞丽江一级水电站工程等别、主要建筑物级别、洪水设计标准、抗震设计标准符合现行规范规定;大坝防洪能力满足要求;大坝抗震满足规范要求;坝基无深层抗滑稳定问题,地基承载力满足要求,渗控效果基本受控;大坝抗滑稳定和应力满足规范要求,坝体变形性态正常、防渗性能良好,坝体裂缝不影响结构整体性;发电进水口结构安全,运行正常;泄水建筑物结构基本完好,消能设施经运行考验,现状满足正常泄洪要求;各类闸门及启闭机运行正常,闸门挡水安全,启闭设备状况良好,供电电源可靠;近坝库岸变形体基本稳定,局部失稳涌浪对大坝影响小,重点工程边坡整体稳定,局部存在缓慢变形但运行基本正常。根据《水电站大坝运行安全监督管理规定》及《水电站大坝运行安全评价导则》,专家组评定瑞丽江一级水电站大坝为正常坝(A级)。

5.4.5.3 下一步工作建议

(1)右岸非溢流坝段(5号、6号、7号坝段)原设计的基础灌浆廊道,因方案的变更而取消,相应的基础排水孔也未能布置,建议研究由 4 号坝段灌浆廊道端面向右岸 5 号、6 号坝基打斜上排水孔或其他排水加强措施;基础灌浆廊道只有左岸一个进出口,无法通风排湿,对运行管理不利,且影响抽排水设备的电器运行,建议采取措施,解决廊道通风除湿问题。

(2)鉴于坝顶引张线、静力水准系统数据规律性较差、坝基测压管压力表部分损坏,且坝基扬压力及两岸绕坝渗流水位较高的实际情况,建议对电站监测系统进行梳理与仪器工况鉴定,必要时进行监测系统更新改造。关注量水堰 DB-WE-01 的渗流量测值,虽然人工测量数据显示正常,仍然建议详细排查数据突增的原因并更换仪器,综合判断是否确有坝体防渗结构失效,为坝体渗流评级提供正确的依据。考虑到各重点工程边坡对电站安全运行的重要性,应确保监测设施的正常运行,如有损坏应及时修复,条件允许时增加部分监测设施,并加强监测,及时做好监测资料分析、上报与反馈,建立长效预警机制。

(3)运行中应重点关注的部位和问题

①坝基扬压力及量水堰巡检与监测

②闸墩裂缝巡视检查与安全监测

③坝后回填石渣部位巡检

④重点工程边坡巡检与监测

⑤从 2017 年 8 月 22 日电站空库现场检查情况看,拦污栅栅面上污物附着较严重,除用清污机加大清污频率外,有条件时应降低水位清污。

第 6 章 澜湄地区防洪抗旱应急管理合作平台研发

CHAPTER 6

6.1 澜湄流域水文模型开发

6.1.1 水文模型介绍

澜沧江湄公河流域水旱灾害频发，给上下游国家都造成了巨大损失，洪旱预警预报对澜沧江—湄公河流域的洪旱灾害防御十分必要。湄委会提供的洪旱预报系统仅覆盖下游国家，工作模式无法满足上下游合作的需要，同时，澜湄流域的水文气象监测相对稀少，缺乏覆盖全面的精细化洪水预报模型和方法。因此，为更好开展澜沧江—湄公河水资源合作，共同应对洪旱灾害，需要开发覆盖澜沧江—湄公河全流域的洪旱预警预报系统，一方面充分利用包括地面站、遥感在内的各类可用数据，另一方面能够方便上下游国家之间协同共建和共享，为澜湄流域提供较为可靠的洪旱预报，并为东盟国家防洪抗旱提供技术示范。

为此，项目组利用目前主流的云存储系统框架和技术，构建基于云计算的澜沧江—湄公河洪旱预警预报系统(如图 6.1)，集云数据管理、定制计算、数据可视化等功能于一体，可实现系统开发的云协作，充分利用可公开获取的气象水文和下垫面数据集，简化操作流程，自动完成预报作业和数据前后处理等工作，提高预报精度和作业效率。

6.1.2 水文模型构建

系统实现了云计算的管理模式，减轻了用户设备投入和维护费用。基于云平台，系统对澜沧江—湄公河流域较为密集的地面雨量站和多种卫星遥感数据进行整理入库，同时包括其他关键气象、水文、流域属性等数据，并可整合用户自有数据，构建更完善的数据库。系统实现了定制式构建水文模型，在给定河道控制断面基础上，自动提取模拟所需数据。模型计算的多种类型结果都实现了在系统上在线展示，方便用户更直观地掌握结果信息。同时，鉴于参数对水文模型模拟具有重要影响，系统开发了快速高效的参数率定算法，可方便更新不同区域的水文模型参数。

图 6.1　数字化洪旱预警预报系统界面

(1) 云数据管理

实现数据的共享服务,对澜沧江—湄公河流域洪旱管理有着十分重大的意义。云计算平台提供了通用的、集成的、便捷的使用所有计算资源的手段和人机交互接口,让用户通过无所不在的网络方便高效地获取服务和进行信息处理。气象数据与径流数据是洪旱预报所需要的两类关键数据。气象数据是水文计算的基础,径流数据是检验和校正计算结果的依据,二者对水文模型研究有着重要意义。系统融合了目前收集整理的气象、水文、流域属性等数据,并可整合用户自有数据,构建更完善的数据库。系统中的查询模块支持用户快速获取和利用站点数据,开展目标区域的水文模拟研究。

(2) 定制计算

云计算具有规模大、虚拟化、可靠性高、通用性好、按需服务、可扩展、成本低等特点,用户可以随时地通过浏览器使用云服务,好像在"云"上运行一样,只需要电脑或手机就可以很方便地得到所需的服务。本系统支持定制式构建水文模型,在给定河道控制断面基础上,自动提取流域范围,并匹配提取模拟所需的数据,使得复杂水文模型搭建效率极大提升。基于云模式实现透明计算,在减轻用户的投入、提供计算服务的同时,利用用户的计算结果和提供的基础数据,更新和完善系统数据。通过该机制,巧妙地实现了协作模式,保证了平台的长期发展,实现多学科集成,气象模式、水文模型、水力学模型等多模型有机结合,以及多气象模式、多水文模型和多初始边界条件集合预报。

(3) 数据可视化

数据可视化,帮助人们更好地利用和分析数据,是将研究成果转化为实际应用价值的重要途径。信息的质量很大程度上依赖于其表达方式。对数字罗列所组成的数据中所包含的意义进行分析,使分析结果可视化,借助图形化的手段,清晰有效地传达与沟通信息,增加数据的灵性,帮助从信息中提取知识、从知识中收获价值。尤其是对于空间数据,由于其多维度的特性，空间数据的可视化在信息和知识的发现过程中发挥着重要作用。本系统支持用户在线查看计算结果数据，包括：河道演进（流量和水位）、节点流量过程、子流域产流过程、子流域坡面汇流（分水源）等水文过程。

6.1.3 模型结果验证

为应对日益严重的干旱和洪水等极端水文事件，在特殊水情条件下服务澜沧江—湄公河水资源合作，本平台针对澜沧江—湄公河流域气象水文情势历史评估及中长期未来预报的问题进行了应用，并发布了两期相关报告，为流域防洪抗旱及上下游合作互信提供参考。

（1）澜沧江—湄公河流域干旱特性与水库调度影响评估研究

基于本平台内嵌的 THREW 模型，使用 1991—2001 年澜沧江—湄公河干流 8 个水文站点的实测逐日流量序列对模型进行空间嵌套式率定，率定期为 1991—2001 年，验证期为 2001—2009 年。模型评价指标如表 6.1 所示，率定期和验证期内逐日模拟和实测流量过程如图 6.2 和图 6.3 所示。率定期和验证期内，大部分站点的 NSE 和 lnNSE 都在 0.9 左右或以上，THREW 模型在模拟澜湄流域径流方面表现很好。

1) 2019 年干旱评估

根据中国气象局资料，2019 年澜沧江流域面雨量 680.4mm，较 30 年均值偏少约 25%，其中 4—6 月偏少 40%～70%。根据湄委会秘书处发布的湄公河流域洪水情况报告周报，湄公河流域大部分区域从 2019 年 5 月开始出现干旱少雨现象。湄公河干流清盛站、琅勃拉邦站和廊开站 6—10 月降雨量分别较多年均值减少 40%、50% 和 20%（MRC，2019）。此外，湄公河干流各水文站 7—11 月出现历史同期最低水位。基于年尺度（12 个月）的澜湄流域 SPEI 和 SPI 结果均表明，2019 年和 2015 年是历史上最严重的干旱年份，如图 6.4 所示。

表 6.1   澜湄流域 THREW 模型模拟的评价指标

水文站	率定期 NSE	率定期 lnNSE	验证期 NSE	验证期 lnNSE	RE
景洪	0.87	0.85	0.87	0.88	2.21%
清盛	0.88	0.84	0.87	0.89	−9.03%
琅勃拉邦	0.91	0.87	0.88	0.87	−3.57%
廊开	0.93	0.95	0.88	0.90	−1.22%
那空帕农	0.93	0.95	0.90	0.94	0.57%
穆达汉	0.94	0.95	0.91	0.93	1.71%
巴色	0.95	0.96	0.88	0.87	−1.50%
上丁	0.93	0.95	0.90	0.91	−1.11%
均值	0.91	0.91	0.88	0.89	−1.49%

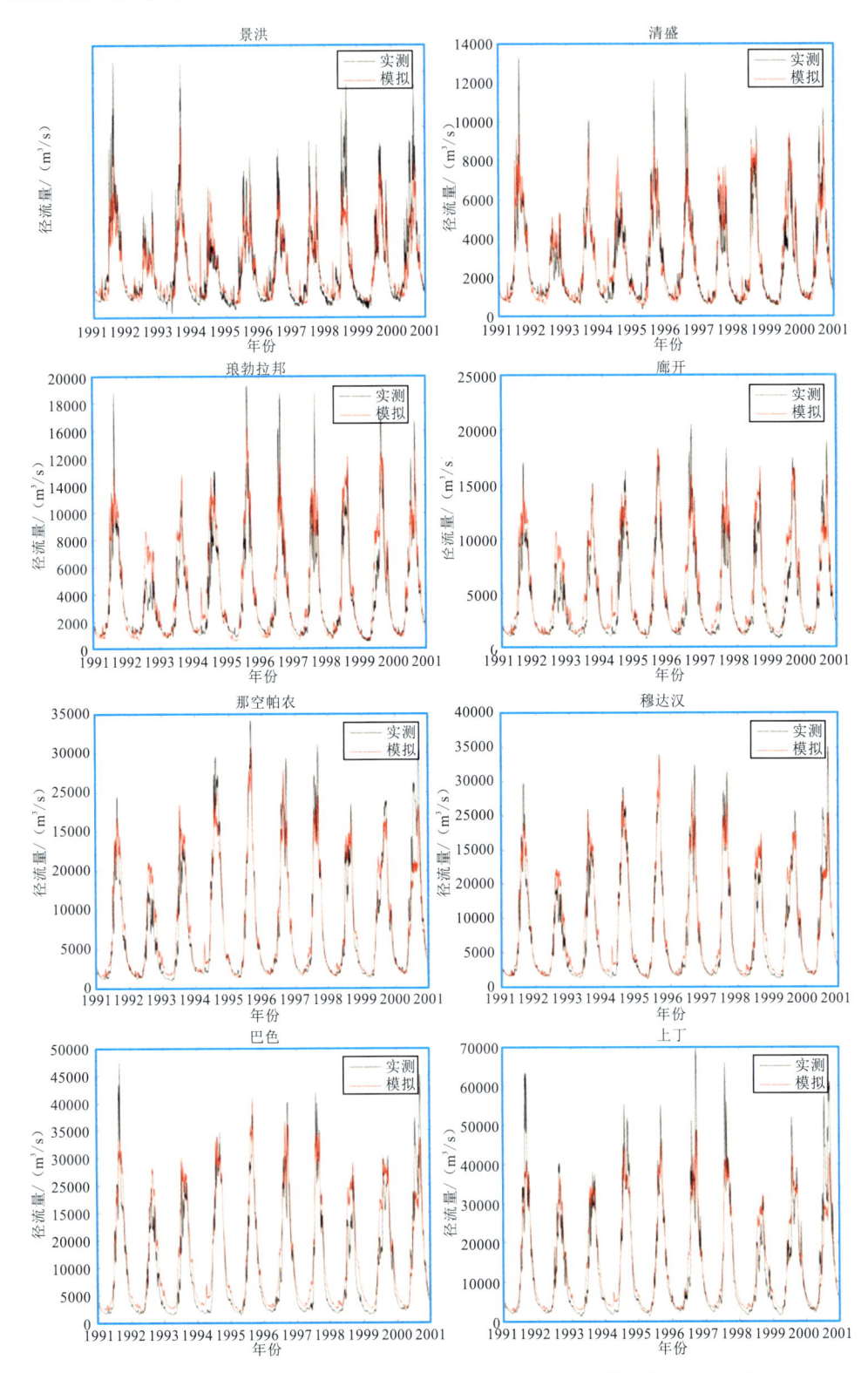

图 6.2　澜沧江—湄公河 8 个水文站点 1991—2001 年逐日模拟径流和实测径流

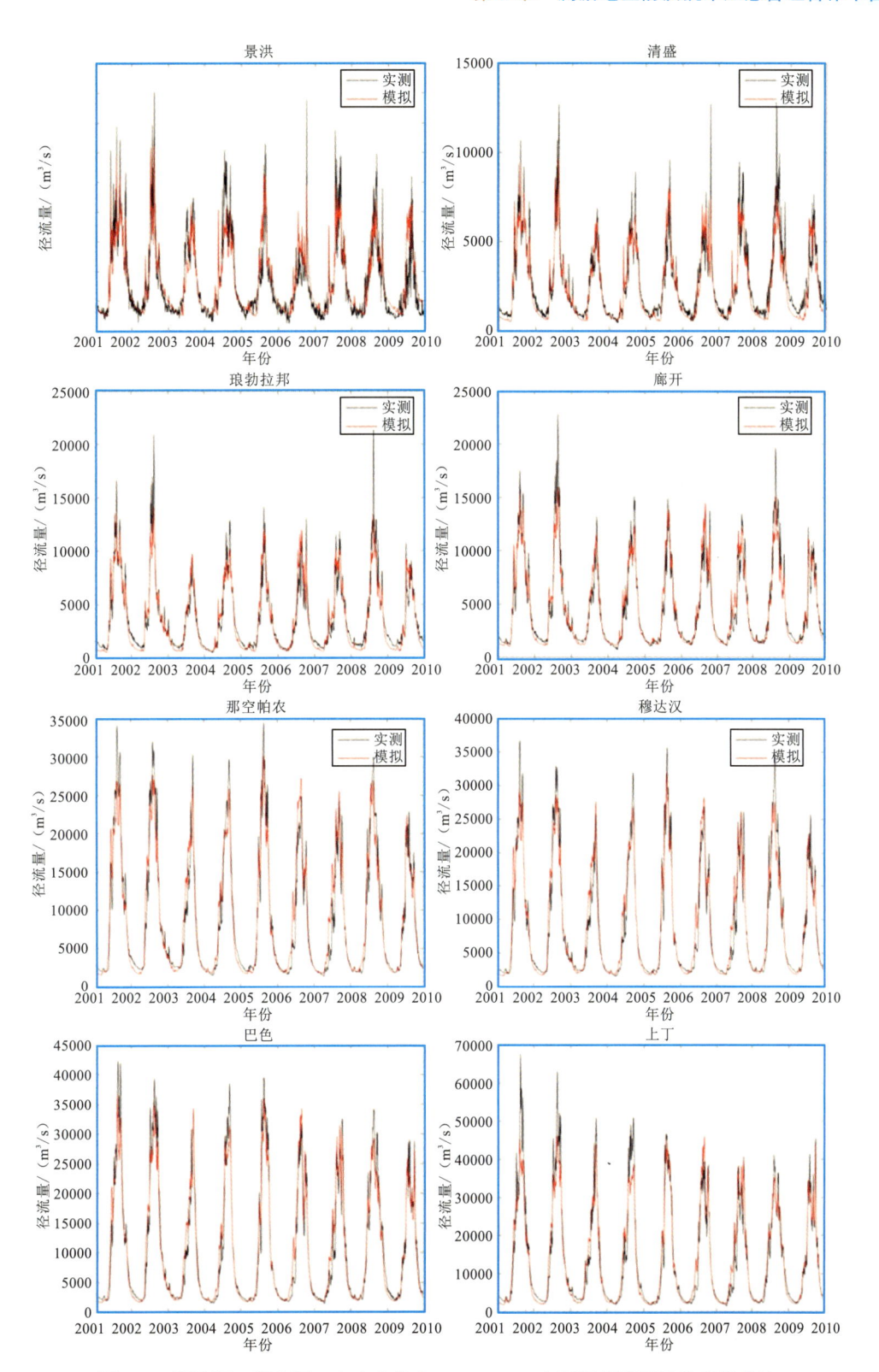

图6.3 澜沧江—湄公河8个水文站点2001—2009年逐日模拟径流和实测径流

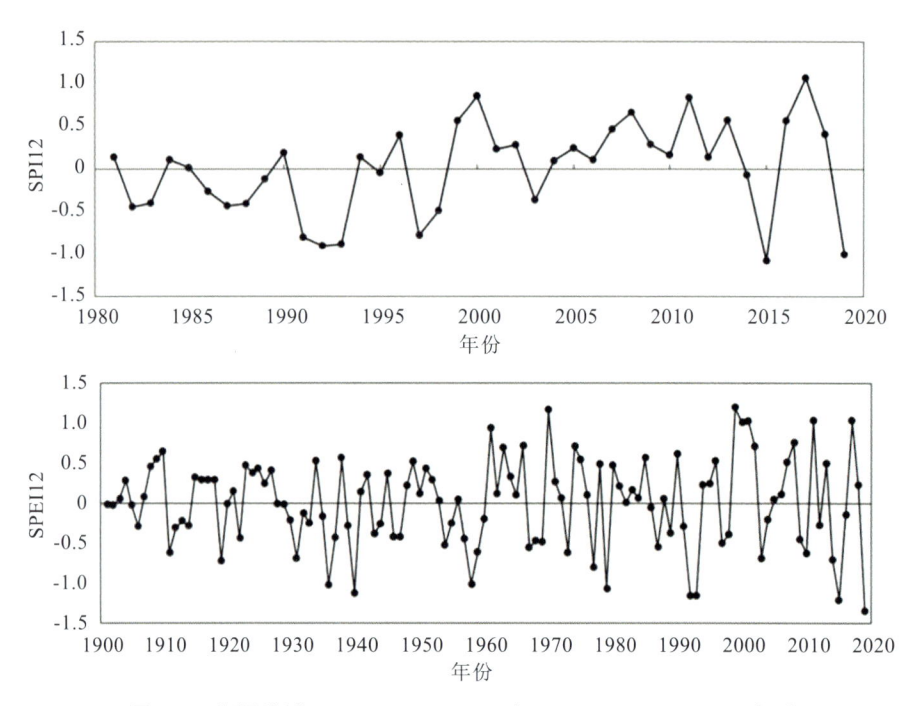

图 6.4　澜湄流域 SPI12(1981—2019)与 SPEI12(1901—2019)序列

澜沧江流域和澜沧江—湄公河全流域的逐月 SPEI3 和 SPI3 如图 6.5 所示。全流域旱情始于 2019 年 3 月,一直持续至年底;澜沧江流域 4 月开始干旱,6 月达到重旱。根据 SPEI 结果,6 月和 8 月澜沧江流域旱情较全流域严重,从 2019 年 9 月开始有所缓解。

图 6.5　基于 SPEI3 和 SPI3 指标的 2019 年干旱指数(L 表示澜沧江流域,LM 表示澜湄流域)

2)湄公河流域天然径流组成

利用实测降水量和卫星降水数据集驱动水文模型,模拟 1991—2019 年的天然径流过程,计算澜沧江和湄公河 12 条支流年径流量占湄公河干流 8 个水文站的比例,如表 6.2 所示。结果显示,越靠近下游,澜沧江径流量的占比越小,这在意料之中。清盛站断面(距景洪

354km)澜沧江径流量占比为64.4%,那空帕农(距离景洪1497km)为24.9%,上丁(距离景洪1851km)为14.3%。占上丁年径流量较大的湄公河支流还有色公河、南俄河、濛河、桑河、斯雷博克河。

表6.2　澜沧江和湄公河12条支流占7个水文站天然年径流量的比例(1991—2019)

年径流量占比(%)	澜沧江*	南垒河	南乌河	南俄河	南屯河	颂堪河	色邦亨河	色敦河	濛河	桑河	色公河	斯雷博克河
清盛	64.4	8.6	—	—	—	—	—	—	—	—	—	—
琅勃拉邦	45.2	6.0	8.1	—	—	—	—	—	—	—	—	—
廊开	39.5	5.3	7.1	—	—	—	—	—	—	—	—	—
那空帕农	24.9	3.3	4.5	8.2	6.9	4.8	—	—	—	—	—	—
穆达汉	22.9	3.0	4.2	7.5	6.3	4.4	—	—	—	—	—	—
巴色	19.8	2.6	3.6	6.4	5.4	3.8	2.6	0.9	6.8	—	—	—
上丁	14.3	1.9	2.6	4.6	3.9	2.7	1.9	0.7	4.9	5.8	8.9	6.7
桔井	13.8	1.8	2.5	4.5	3.8	2.6	1.8	0.7	4.7	5.6	8.6	6.5
MRC报告中桔井的年径流量占比/%	16.5	—	3.1	4.9	5.7	2.4	3.4	1.4	5.6	4.0	8.2	6.6

* 澜沧江径流为景洪站流量。

3)水库调度对干流流量的影响

表6.3展示了2001—2019年基于IMERG降水数据模拟的上丁站年径流量。结果表明,2019年是2001年以来年径流量最小的一年,是近19年来水文干旱最严重的年份。该结果与长期干旱分析的结论一致。

图6.6显示了2001—2019年清盛站的天然(模拟)和实测径流过程(月平均径流量)。小湾大坝是2010年投入运行的大型水库,据此确定以2001—2009年和2010—2019年两个时段来研究水库调度对干流流量的影响。结果显示,2001—2009年的天然和观测径流过程基本相同,这意味着水文模型在无水库条件下表现良好。此外,2010—2019年的天然和实测径流过程线表明,水库调度减少雨季径流,补充旱季径流。

表6.3　上丁站2001—2019年IMERG模拟年径流量和面降水量

年份	2001	2002	2003	2004	2005	2006	2007	2008	2009	2010
年径流量/亿 m^3	3251	3387	2735	2828	3138	3411	3122	2924	2865	2781
年降水量/mm	1732	1676	1494	1528	1617	1681	1653	1716	1540	1489
年份	2011	2012	2013	2014	2015	2016	2017	2018	2019	
年径流量/亿 m^3	3688	2775	3175	3240	2743	2852	3340	3460	2625	
年降水量/mm	1775	1540	1712	1568	1424	1650	1753	1710	1010	

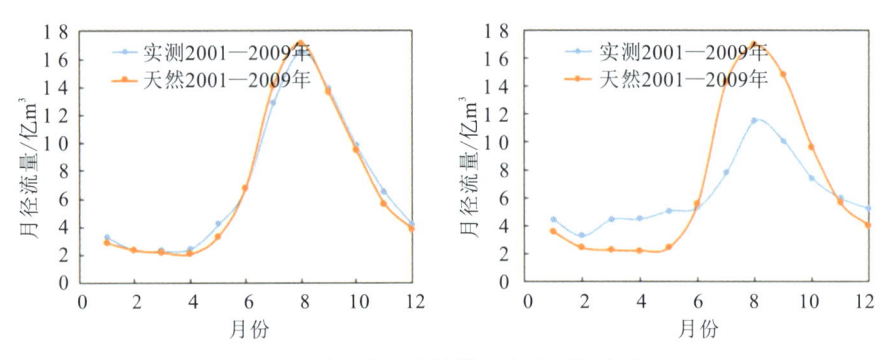

图 6.6　清盛水文站的模拟和实测径流过程

（2）澜湄流域水情系列报告（2021.09）

以澜湄流域为研究对象，基于长序列历史观测资料和国际权威机构发布的中长期气象预报数据，选用国际先进的技术方法，评估澜湄流域 2020 年 11 月—2021 年 8 月的水情，并预报流域未来水文情势。

图 6.7 为澜沧江—湄公河流域 2001—2021 年逐月平均降水量和累积降水量。结果表明，截止 2021 年 9 月 6 日，2021 年除了 2 月、4 月降水量高于过去历史同期平均水平（分别高出 150.0% 和 60%），其余月份月降水量均低于历史同期。尤其是 1 月降水量显著低于历史同期水平，仅为历史同期平均值的 18.1%；3 月降水量也仅为历史同期均值的一半。根据 2021 年总降雨量，直到 6 月中旬，流域累积降水量基本与往年持平，但 6 月中旬后累积降水量明显低于历史同期。根据 ECMWF 预报数据，9 月降水量将可能与历史同期均值持平，但年内累积总降水量依然低于历史同期均值。

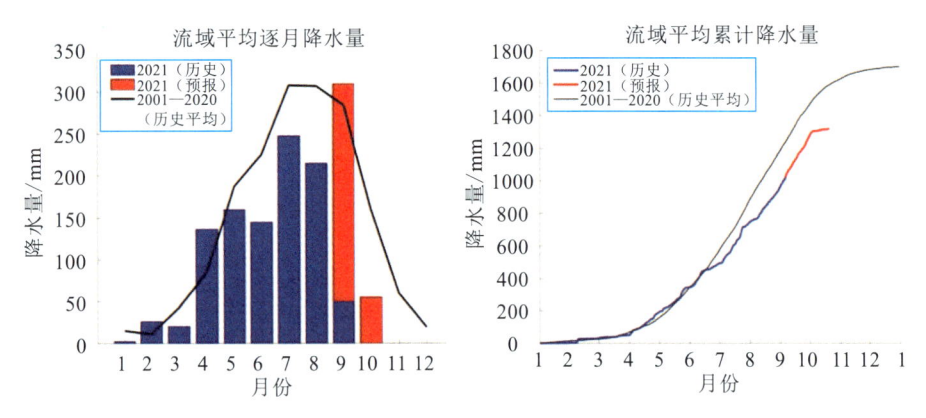

图 6.7　澜沧江—湄公河流域 2021 年及 2001—2020 年
逐月平均降水量、累积降水量（至 2021 年 10 月 21 日）

对澜湄流域 2020 年 11 月 1 日—2021 年 9 月 5 日径流过程进行模拟，并利用 ECMWF 预报的 9 月 6 日至 10 月 21 日的降雨数据（经过初步偏差校正）进行水文预报。图 6.8 显示了澜沧江—湄公河 8 个水文站 1960—2009 年实测多年月平均径流和 2018 年 1 月至

2021年8月的模拟天然逐月平均径流量。结果表明，2018年，尤其是在丰水期，澜沧江—湄公河各站点天然径流量高于历史同期平均水平，是近几年水量较充足的一年；而2019年和2020年上半年，各站点天然径流量基本低于历史同期均值；2020年下半年后，各站点径流量相对历史同期有所回升，月均流量高于历史同期均值，或基本持平。2021年1—3月份，景洪、清盛水文站月平均径流量略高于历史平均水平，而下游其余站点则略低于历史平均水平，或基本持平。4—5月份，廊开及下游站点平均径流量略高于历史平均水平，或基本持平，而其上游的景洪、清盛、琅勃拉邦低于历史同期均值。6—8月份，受降水量较少的原因，各站点月平均流量均低于历史同期均值。

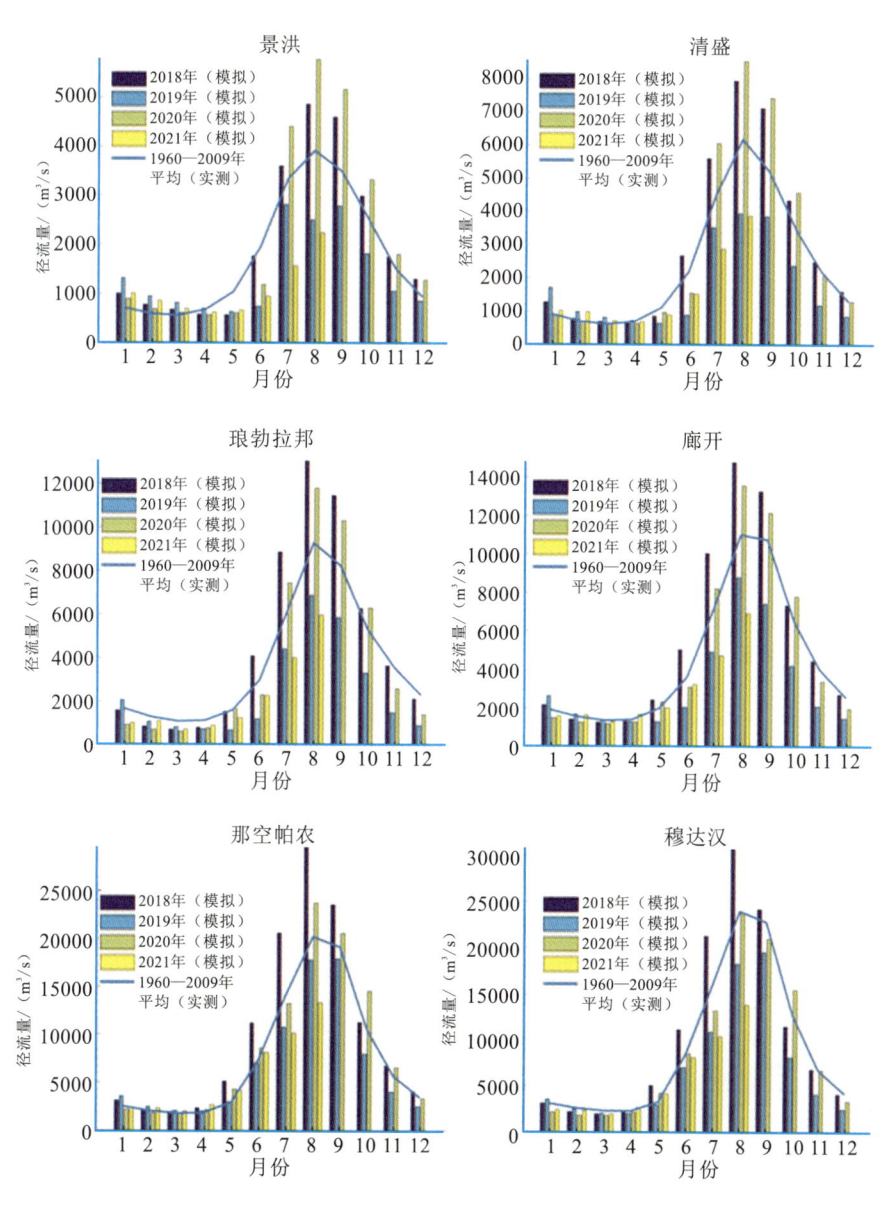

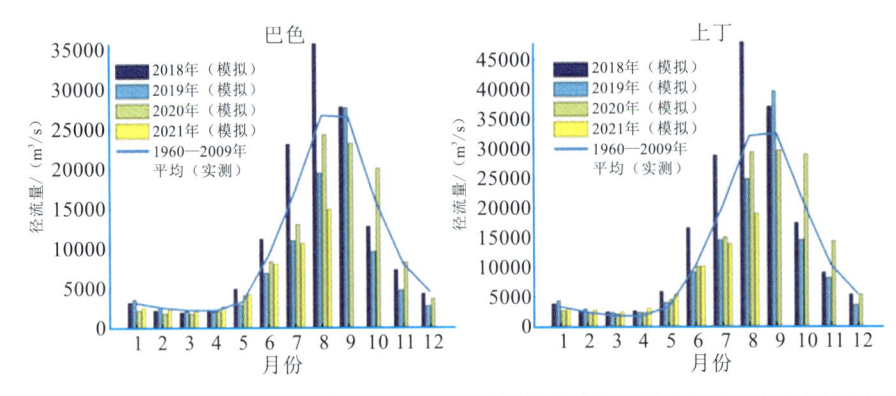

图 6.8　澜沧江—湄公河 8 个水文站点 2018—2021 年模拟月流量以及与历史多年实测月流量的比较

将模拟和预报的径流过程与过去 60 年同期实测径流量的多年均值进行比较，结果如图 6.9 所示。4 月—6 月底，受 4 月份和 6 月中旬降水影响，廊开及下游站点径流量相对历史同期处于较高水平，而由于 6 月下旬和 7 月降水较少，各站点径流量均较低。上游的景洪、清盛、琅勃拉邦等站点，从 4 月起径流量处于较低水平。9 月中旬开始，琅勃拉邦及下游站点流量都有所回升，但几乎所有站点在未来 46 天的大部分时间流量可能依然低于历史同期平均水平，尤其是廊开及上游站点低于历史同期的下四分位。

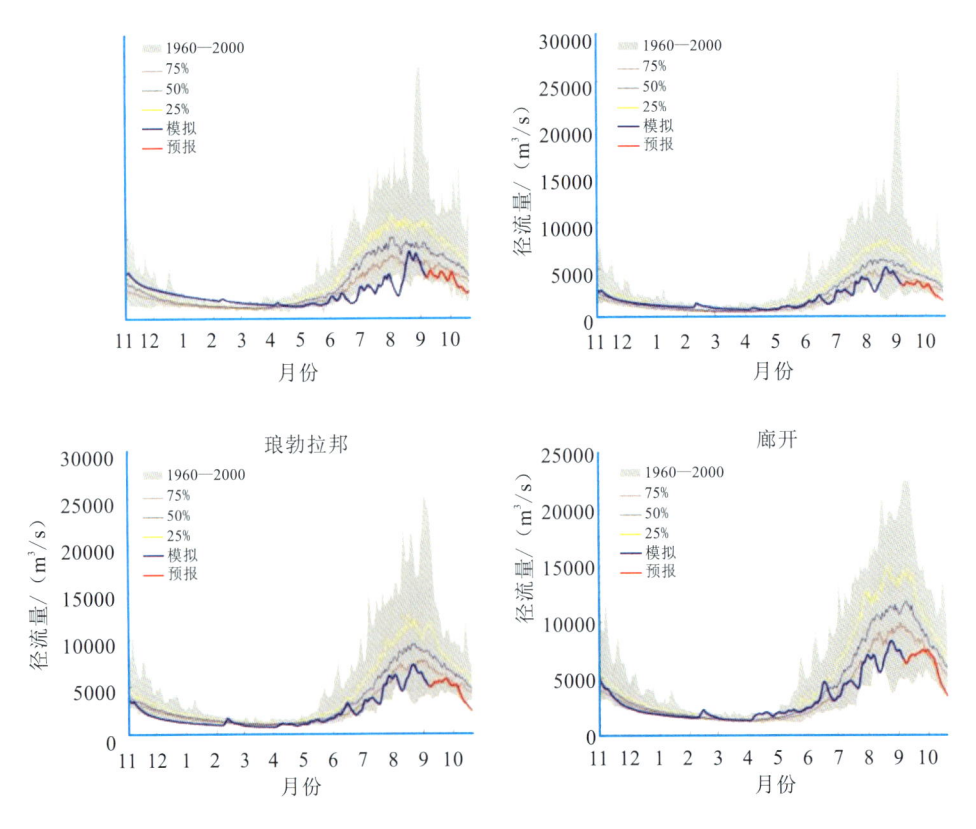

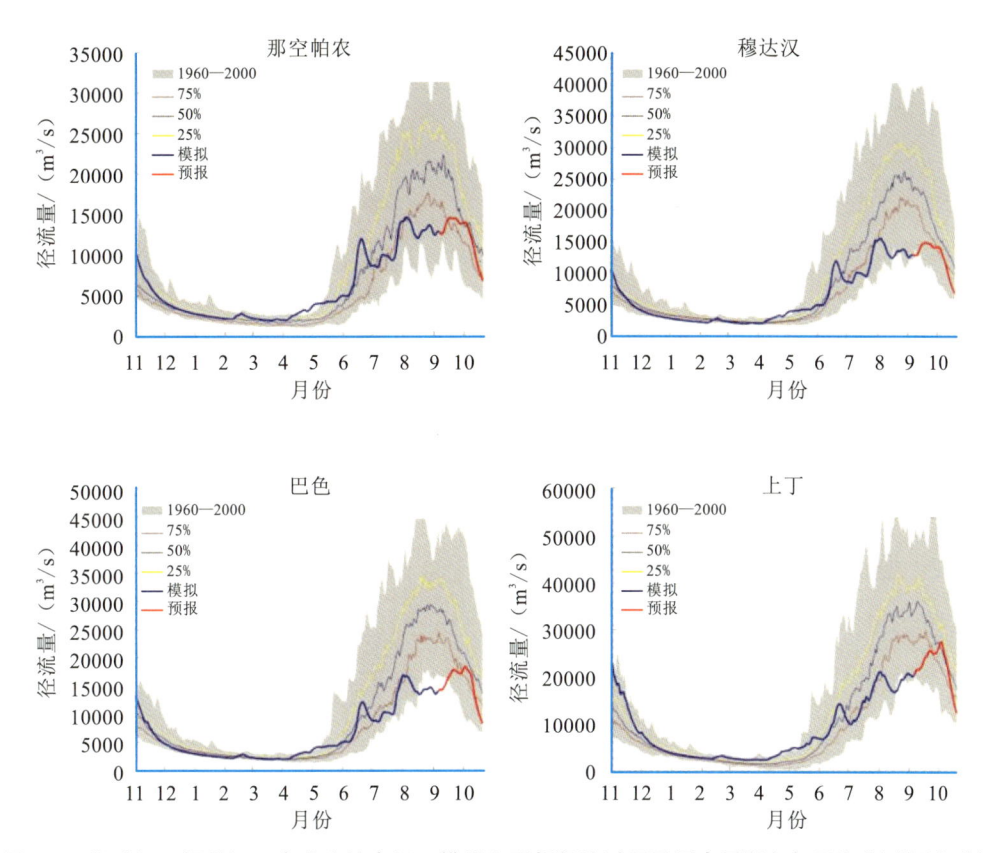

图 6.9　澜沧江—湄公河 8 个水文站点逐日模拟和预报径流过程及历史同期多年平均实测径流过程

6.2　湄公河国家防洪抗旱数据库构建

6.2.1　数据库构建原则

为有效促进水利信息资源整合与共享，防洪抗旱数据库构建遵循了规范性、一致性、完整性等原则，从宏观层面规范了水利对象类的划分和对象实例代码的编制规则，从微观层面明确了对象类标识、基本规定、对象名录表、对象基础信息表和对象关系表和字段标识符的设计规范。

6.2.1.1　水利对象类划分及编码规则

参照《水利对象分类与编码总则》(SL/T 213 — 2020)，水利对象抽象类分为江河湖泊、水利工程、监测站(点)和其他管理对象等 4 类。平台涉及的对象类包括流域、河流、湖泊、水库、水电站、水库大坝、水文监测站、考察点等 8 个实体类，详见表 6.4。

表 6.4　　　　　　　　　　　　　水利对象分类表

抽象类代码	抽象类名称	实体类代码	完整分类代码	水利对象名称
RL	江河湖泊	1	RL001	流域
		2	RL002	河流
		3	RL003	湖泊
HP	水利工程	1	HP001	水库
		2	HP002	水电站
		3	HP003	水库大坝
MS	监测站(点)	1	MS001	水文监测站
QT	其他管理对象	1	QT001	考察点

6.2.1.2 监测信息表结构与标识要求

参照《实时雨水情数据库表结构与标识符》(SL 323—2011)标准设计监测类数据库表结构。

6.2.1.3 主要设计规范

1)每个表结构描述的内容应包括中文表名、表主题、表标识、表编号、表体和字段描述 6 个部分。

2)中文表名使用简明扼要的文字表达该表所描述的内容。

3)表主题进一步描述该表存储的内容、目的和意义等。

4)表标识为中文表名英译的缩写,在进行数据库建设时,作为数据库的表名。

5)表编号为表的代码,反映表的分类和在表结构描述中的逻辑顺序。

6)表体以表格的形式按字段在表中的次序列出表中每个字段的字段名称、字段标识、类型及长度、有无空值、计量单位、主键、外键、索引序号。表中各内容应符合下列规定:

①字段名称采用中文字符,表征字段的含义。

②字段标识为数据库中该字段的唯一标识。

③类型及长度描述该字段的数据类型及数据最大位数。

④有无空值描述该字段是否允许填入空值,用"N"表示该字段不允许为空值,否则表示该字段可以取空值。

⑤计量单位描述该字段填入数据的计量单位符号。

⑥主键描述该字段是否作为主键,用"Y"表示该字段是表的主键或联合主键之一,否则表示该字段不是主键。

⑦外键描述该字段是否为外键,用"Y"表示该字段是外键,否则表示该字段不是外键。外键指向所引用的前置表主键,当前置表存在该外键值时为有效值。

⑧索引序号,当该字段是主键时,描述该字段在主键中的序号。分别用阿拉伯数字"1,2,3,…"描述次序。"1"表示该字段在主键中为第 1 个字段,"2"表示该字段在主键中为第 2 个字段,依此类推。

7)字段描述对表体中各字段的涵义、字段类型及数值精度、计量单位、取值范围等提出明确要求,对枚举值进行罗列,对特殊情况进行说明。

8)相同字段的解释,以第一次解释为准。

6.2.2 数据库设计

6.2.2.1 设计思路

(1)范围

防洪抗旱数据库用于存储本项目收集到的数据,作为平台资源整合与共享的基础。主要内容包括基础类和业务类数据,基础类数据包括河流、湖泊、水库、流域分区等空间和非空间数据,业务类数据包括各业务系统涉及的业务类数据,如综合信息服务系统涉及测站监测类数据。

(2)模型设计思路

采用面向对象的设计方法进行数据建模,对象模型将对象抽象为标识、基本属性、业务属性、空间数据等实体,梳理并研究对象与业务属性、对象与空间数据、对象与多媒体以及不同对象之间的相互关系。每类对象设计 1 张对象名录表、1 张基础信息表和 N 张关系表。概化示意图如图 6.10 所示。

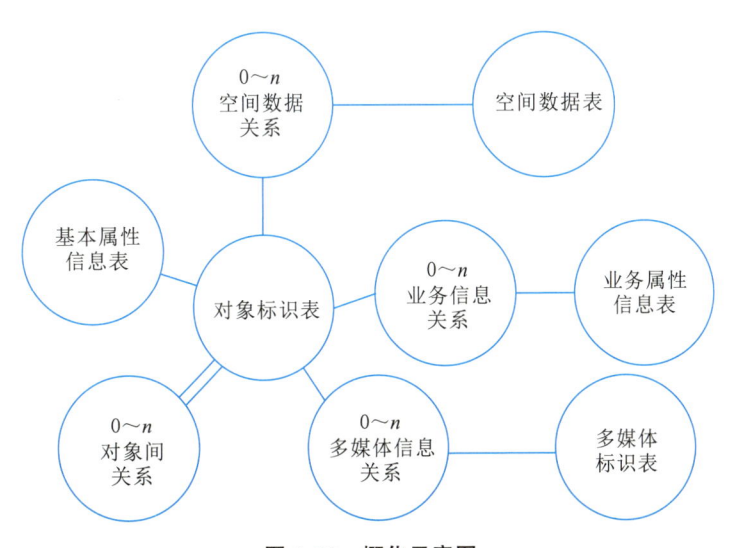

图 6.10 概化示意图

（3）表设计思路

遵循数据库构建原则，开展了数据库表设计工作，为每类水利对象设计了1张对象名录表、1张基础信息表、N张关系表、1张空间表，主要包括以下内容：

1）数据库中的存储内容包括对象基础信息和对象之间关系信息两大类。

2）对象基础信息分为对象标识信息、主要特征信息和时间戳。

3）对象标识信息是确定某一基础对象的唯一标识，主要包含对象代码、对象名称和对象空间标识等信息。

4）对象空间标识信息包括对象所在位置描述和对象空间特征坐标。其中：

①对象空间位置描述为水利对象的所属行政区划及具体位置信息的文字描述。

②点状对象空间特征坐标信息是指该对象几何中心点所在位置的经纬度坐标值。

③线状对象空间特征坐标信息是指该对象矢量图形的起点经纬度和终点经纬度坐标值。

④面状对象空间特征坐标信息是指该对象矢量图形的最小外接矩形的左下角经纬度和右上角经纬度坐标值。

5）对象主要特征信息是该对象特有的重要指标，主要涉及以下几个方面：

①规模与设计特征，主要指自然对象的长度、宽度、面积、容积；工程对象的工程规模、工程等别、工程特征参数等信息。

②工程建设情况，主要指工程建设状态、开工时间、建成时间等信息。

③水文特征，主要指对象的水文特征，如河流的多年平均流量信息。

6.2.2.2 设计结果

构建形成的防洪抗旱数据库主要包括基础类和业务类两大类数据库表。

（1）基础类数据库表

基础类数据库表涉及流域、河流、湖泊等8类水利对象，包括8张对象名录表、8张基础信息表、8张空间表、26张关系表，共计50张表，详情见表6.5。

表6.5　　　　　　　　　　基础类数据库表目录

对象类序号	对象类名称	序号	对象表名称	对象表标识
1	流域	1	流域名录表	OBJ_BAS
		2	流域基础信息表	ATT_BAS_BASE
		3	流域与行政区划关系表	REL_BAS_AD
		4	流域与上级流域关系表	REL_BAS_BAS
		5	流域空间表	GEO_BASD

续表

对象类序号	对象类名称	序号	对象表名称	对象表标识
2	河流	1	河流名录表	OBJ_RV
		2	河流基础信息表	ATT_RV_BASE
		3	河流河源位置表	REL_RV_AD_1
		4	河流河口位置表	REL_RV_AD_2
		5	河流流经区县表	REL_RV_AD_3
		6	河流所属流域表	REL_RV_BAS
		7	河流上下级关系表	REL_RV_RV
		8	河流空间表	GEO_RV
3	湖泊	1	湖泊名录表	OBJ_LK
		2	湖泊基础信息表	ATT_LK_BASE
		3	湖泊所属区县表	REL_LK_AD
		4	湖泊所在流域表	REL_LK_BAS
		5	湖泊流入河流表	REL_LK_RV_1
		6	湖泊流出河流表	REL_LK_RV_2
		7	湖泊空间表	GEO_LK
4	水库	1	水库名录表	OBJ_RES
		2	水库基础信息表	ATT_RES_BASE
		3	水库库区涉及区县表	REL_RES_AD_2
		4	水库所在流域表	REL_RES_BAS
		5	水库所属河流表	REL_RES_RV
		6	水库大坝所在位置表	REL_DAM_AD
		7	水库大坝所在河流表	REL_DAM_RV
		8	水库大坝所属水库表	REL_DAM_RES
		9	水库所属水电站表	REL_HYST_RES
		10	水库空间表	GEO_RES
5	水库大坝	1	水库大坝名录表	OBJ_DAM
		2	水库大坝基础信息表	ATT_DAM_BASE
		3	水库大坝空间表	GEO_DAM
6	水电站	1	水电站名录表	OBJ_HYST
		2	水电站基础信息表	ATT_HYST_BASE
		3	水电站所在位置表	REL_HYST_AD
		4	水电站所在流域表	REL_HYST_BAS
		5	水电站所属河流表	REL_HYST_RV
		6	水电站空间表	GEO_HYST

续表

对象类序号	对象类名称	序号	对象表名称	对象表标识
7	水文监测站	1	水文监测站名录表	OBJ_ST
		2	水文监测站基础信息表	ATT_ST_BASE
		3	水文监测站所在位置表	REL_ST_AD
		4	水文监测站所在流域表	REL_ST_BAS
		5	水文监测站所属河流表	REL_ST_RV
		6	水文监测站所在湖泊表	REL_ST_LK
		7	水文监测站所属水库表	REL_ST_RES
		8	水文监测站空间表	GEO_ST
8	考察点	1	考察点名录表	OBJ_KCD
		2	考察点基础信息表	ATT_KCD_BASE
		3	考察点空间表	GEO_KCD

（2）业务类数据库表

业务类数据库表涉及测站基本属性、河道水情、水库水情、降水量、河道水情多日均值、水库水情多日均值等6类业务信息，共有6张表。详情见表6.6。

表6.6　　　　　　　　　　　业务类数据库表目录

序号	对象表名称	对象表标识
1	测站基本属性	ST_STBPRP_B
2	河道水情	ST_RIVER_R
3	水库水情	ST_RSVR_R
4	降水量	ST_PPTN_R
5	河道水情多日均值	ST_RVAV_R
6	水库水情多日均值	ST_RSVRAV_R

6.2.3 信息采集及处理入库

基于数据库设计结果，完成相关信息的采集及处理入库工作。需处理入库的信息主要包括基础信息和监测信息两大类。相关信息的采集方式主要通过公网收集、出国团组资料收集及项目相关资料整理等。

6.2.3.1 基础信息采集与处理

澜湄流域范围内的基础信息主要包括空间数据及非空间数据两大部分。

（1）空间数据

空间数据可被划分为基础地理数据、水利基础数据、水利专题数据等三类。

平台所使用的基础地理数据主要为天地图、ArcGIS online 等第三方在线地图服务数据，其特点为更新频率较快、资源丰富，可直接作为底图以在线地图服务的方式接入平台。水利基础数据则包括流域边界、流域分区、DEM、国家边界、河流、湖泊等，主要通过公网数据收集或项目资料整理等方式获取，其中公网数据来源包括湄委会网站、IWMI 等。水利专题数据包括水电站、水库、测站、考察点等，也主要是通过公网数据收集或项目资料整理等方式获取，其中公网数据来源包括 dam-tools、湄委会等。水利基础数据、水利专题数据两类数据经数据收集、整合、处理、加工、制图等过程生成专题服务。

(2) 非空间数据

非空间数据可被划分为与空间相关联的属性信息、出国团组数据及项目其他资料。

与空间相关联的属性信息主要包括空间对象的中英文名称、编码及水利特性，每类非空间属性数据包括不同的标准。出国团组数据包括项目相关团组出访收集到的照片、视频、报告、出访目的、时间等团组资料，项目其他相关资料包括讨论会、培训班、其他单位的项目资料等。上述数据主要是通过公网数据收集项目资料整理等方式获取，数据按照各类水利对象的要求进行整理、入库。同时，出国团组资料、项目其他相关资料按照成果收集规范整理并建立文档资料库。

6.2.3.2 监测信息采集与处理

澜湄流域范围内的监测信息主要包括援建监测站、湄委会网站监测数据集、历史资料等三大部分。

(1) 援建监测站

在老挝国家水资源信息数据中心示范建设项目中，2018 年底已实施完成 25 个自动监测站（含 1 个流量在线监测站）的建设。在 25 个自动监测站中，13 个是水位站，既能监测水位又能够监测降雨数据，琅勃拉邦测站能够监测到流量；12 个是雨量站，只能监测降雨数据。测站分布如图 6.11 所示。监测数据存在于老挝国家水资源信息数据库，计划与老挝协调沟通将数据同步到数据库中。

在南乌河流域内，南欧江公司建设了南乌 1 级至 7 级等 7 个梯度级的水电站，已经完成了南乌 2、5、6 级三个水电站的建设并投入运行。在该流域中一共建设了 43 个水文站、43 个雨量站，分布如图 6.12 所示。可监测流量、水位、雨量等指标，收集到监测数据的时间范围从 2014 年 1 月至 2019 年 8 月，数据共有 2067725 条。按照《实时雨水情数据库表结构与标识符》(SL 323—2011) 标准，43 个水文站以河道站标准入库，43 个雨量站以雨量站标准入库，同时南乌 2、5、6 级电站已经建成蓄水发电，以水库站标准入库，其中库上水位采用该电站坝前站监测的水位，入库流量和出库流量按该电站的入库流量和出库流量入库。采用按照需求向南乌江公司提交数据申请的方式同步数据到数据库中。

图 6.11 监测站空间分布

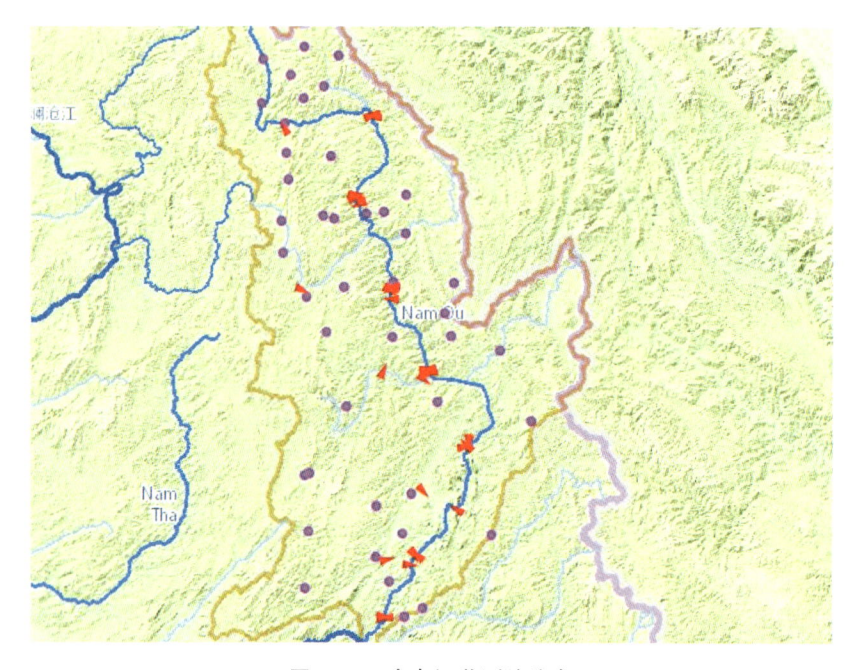

图 6.12 南乌河监测站分布

(2) 湄委会网站监测数据集

湄委会网站公布的监测站大多建设在湄公河流域干流上，共有 60 个监测站，监测指标主要是水位和雨量。监测站分布如图所示，其中景洪和曼安是中国国内的测站，所以抓取的测站为 58 个，空间分布如图 6.13 所示，测站基础信息如表 6.7 所示。监测站每 15 分钟一条数据，其中水位数据需要加上基准面才能入库，流量数据根据已有推算公式计算出来。计划通过与湄委会签署合作协议，将监测数据同步到数据库中。

第 6 章 澜湄地区防洪抗旱应急管理合作平台研发

图 6.13 测站分布图

表 6.7 测站基础信息

序号	编码	英文名称	简称	中文名称	国家	洪水位/m	警报位/m	基准面/m	纬度	经度
1	450701	Duc Xuyen	NA	—	Vietnam	431.5	427.5	435.434	12.29677	107.9759
2	902601	Phung Hiep	PH	—	Vietnam	—	—	—	9.81194	105.82361
3	230113	Phiengluang	NA	—	Lao PDR	8.5	7.5	—	19.56826	103.0713
4	908001	Cho Lach	CL	—	Vietnam	—	—	—	10.279167	106.12472
5	360106	Ban Sebangnouane	SN	—	Lao PDR	—	—	—	16.00281	105.47915
6	390102	Khongsedone	KSD	—	Lao PDR	—	—	—	15.57774	105.81052
7	019905	Kampong Ampil	KPA	—	Cambodia	—	—	—	11.65785	105.13187

165

续表

序号	编码	英文名称	简称	中文名称	国家	洪水位/m	警报位/m	基准面/m	纬度	经度
8	033401	Chaktomuk	NA	达克茂	Cambodia	12	10.5	−1.02	11.56299	104.93529
9	020106	Kompong Luong	NA	—	Cambodia			0.64	12.57662	104.20779
10	014901	Kratie	kra	桔井	Cambodia	23	22	−1.08	12.48141	106.01762
11	320101	Se Bangfai	NA	—	Lao PDR	13	12	125	17.07652	104.98537
12	011901	Vientiane KM4	vie	万象	Lao PDR	12.5	11.5	158.04	17.93098	102.61556
13	610101	Kompong Thom	NA	—	Cambodia			−0.82	12.71483	104.88792
14	440102	Voeun Sai	NA	—	Cambodia				13.96858	106.88483
15	019803	Tan Chau	tch	新洲	Vietnam	4.5	3.5	—	10.80062	105.24802
16	590101	Boribo	BRB	—	Cambodia				12.38491	104.48661
17	451305	Ban Don	NA	—	Vietnam	175	171	179.947	12.89791	107.78313
18	350105	Sopnam	NA	—	Lao PDR	17	16	—	16.68719	106.21497
19	450502	Giang Son	NA	—	Vietnam	425	421	427.904	12.51017	108.18324
20	902602	Vi Thanh	VT	—	Vietnam	—	—		9.7761	105.45861
21	270502	Ban Nape	NA	—	Lao PDR	2	1.5	—	18.30457	105.07359
22	350102	Phalane	PL	—	Lao PDR				16.65811	105.56256
23	908002	My Hoa	MH	—	Vietnam	—	—		10.2225	106.34917
24	013101	Nakhon Phanom	nak	那空拍侬	Thailand	12	11.5	130.961	17.42537	104.77393
25	011903	Chiang Khan	ckh	清康	Thailand	16	14.5	194.118	17.90026	101.66989
26	430102	Siempang	NA	—	Cambodia	12.5	11.5	—	14.11514	106.38795
27	092980	Manan	NA	—	China	—	—		21.91	101.26
28	039803	Can Tho	NA	芹苴	Vietnam	1.9	1.7	—	10.0268	105.76857
29	070103	Thoeng	NA	—	Thailand	8	7.5	359.096	19.68843	100.18723
30	985203	Vam Kenh	NA	—	Vietnam				10.2743	106.73714
31	640102	Kompong Speu	NA	—	Cambodia				11.45625	104.49606
32	901503	Long Dinh	LD	—	Vietnam				10.4	106.256386
33	680103	Angkorborey	AKB	—	Cambodia	—	—		10.99395	104.97654
34	012001	Nong Khai	non	廊开	Thailand	12.2	11.4	153.648	17.88144	102.7322
35	120101	Ban Mixai	NA	—	Lao PDR	3.5	2.5	298.83	19.78606	102.18314
36	013402	Mukdahan	muk	穆达汉	Thailand	12.5	12	124.219	16.5828	104.73318
37	013901	Pakse	pks	巴色	Lao PDR	12	11	86.49	15.09976	105.81319
38	010501	Chiang Sean	CSA	清盛	Thailand	12.8	11.5	357.11	20.27412	100.08855
39	430106	Ban Veunkhen	NA	—	Lao PDR	16	15	97.042	14.8192	106.80566
40	320107	Mahaxai	NA	—	Lao PDR	15	14	—	17.4179	105.19847
41	980601	Vam Nao	NA	—	Vietnam	—	—		10.57865	105.36337

续表

序号	编码	英文名称	简称	中文名称	国家	洪水位/m	警报位/m	基准面/m	纬度	经度
42	350101	Ban Kengdone	NA	—	Lao PDR	16.5	15	121.29	16.18727	105.31287
43	020102	Prek Kdam	pre	—	Cambodia	10	9.5	0.08	11.81117	104.80678
44	013801	Khong Chiam	kho	空坚	Thailand	14.5	13.5	89.03	15.32209	105.49348
45	450101	Lumphat	NA	—	Cambodia	—	—	—	13.50088	106.97115
46	150101	Wang Saphung	NA	—	Thailand	9	8	239.182	17.29986	101.77597
47	019804	My Thuan	NA	—	Vietnam	1.8	1.6	—	10.27532	105.92632
48	290102	Ban Tha Kok Doeng	NA	—	Thailand	13	12	134.894	17.86564	103.77433
49	100102	Muong Ngoy	NA	—	Lao PDR	15	14	—	20.5721	102.61702
50	050106	Ban Doi Hang	BDH	—	Thailand	—	—	—	19.93361	99.75472
51	039801	Chau Doc	cto	朱笃	Vietnam	4	3	—	10.70528	105.13351
52	440201	Kontum	NA	—	Vietnam	520.5	518	529.18	14.34708	108.03423
53	550102	Battambang	NA	—	Cambodia	—	—	−1.766	13.092	103.20028
54	270101	Phonesy	PS	—	Lao PDR	—	—	—	18.30233	104.09739
55	260101	Muang Kao	BMI	—	Lao PDR	—	—	—	18.56193	103.72594
56	011201	Luang Prabang	LUA	琅勃拉邦	Lao PDR	18	17.5	267.195	19.8928	102.13418
57	014501	Stung Treng	str	上丁	Cambodia	12	10.7	36.79	13.5325	105.95019
58	092600	Jinghong	NA	—	China	—	—	—	22.3	100.78
59	530101	Sisophon	NA	—	Cambodia	—	—	—	13.58665	102.97661
60	290113	Ban Had Paeng	NA	—	Thailand	13	12.5	132.641	17.67546	104.28622

（3）历史资料

历史资料主要是从湄委会购买的主要测站监测数据库，整理此类数据并按照《实时雨水情数据库表结构与标识符》（SL 323—2011）标准完成入库。

历史水文数据库格式为 accdb 格式，分析数据库中表结构、数据内容、有效内容等，并核对表中的各个字段的含义，分析与湄委会公布的测站的关联关系。根据有关联关系的测站数据，计算加上基准面的水位，整理成符合标准的格式，按照一次性入库的方式录入数据库中。

6.3 防洪抗旱平台构建

6.3.1 平台总体设计

6.3.1.1 设计原则

包括先进性、标准规范化、安全可靠、可扩充性等原则。

先进性原则：充分考虑国内外水利业务发展趋势，对系统的组成结构、数据流程、功能结构、软件硬件配置等方面进行详细设计，保证系统建设的合理性和软件功能上的先进性，使系统具有较长的生命周期。

标准规范化原则：近期需求与长远发展相结合，按照规范化和标准化的要求进行工程的设计和实施。在系统建设中，硬件配置和软件要积极采用国际通用的标准化技术，严格遵循水利部门的技术路线和业务规范，充分考虑今后关键设备和基础设施的功能扩充、技术升级和更新换代，设备选型在技术上符合国际标准；系统软件在统一的网络环境和终端平台下运行；系统软件设计规范化，采用统一的数据库、统一的系统界面。

安全可靠原则：系统有严密的安全措施，信息在制作和分发过程中充分考虑信息的维护和传输的安全性。系统运行性能稳定，能够满足 7×24 小时不间断业务运行要求。

可扩充性原则：在进行平台应用系统功能设计时，除实现现有的业务功能外，要充分考虑将来可能进行的功能扩充，提供可扩展的应用接口，进行模块化、参数化和组件化设计，避免因增加新功能而大规模修改程序，影响其他功能模块。

6.3.1.2 平台架构设计

平台包括应用层、应用支撑层、数据存储层、数据采集层等四部分，如图 6.14 所示。

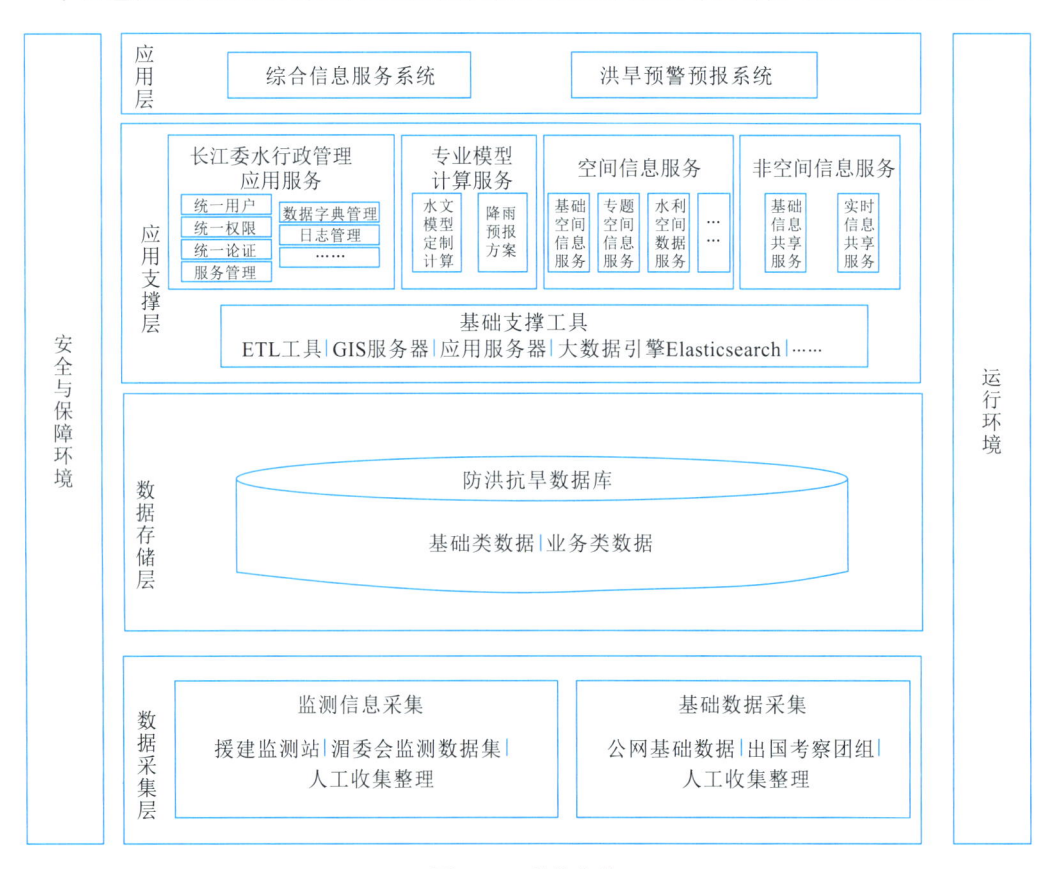

图 6.14 总体架构

(1)数据采集层

数据采集是指利用监管和监测手段获取被监测对象状态信息的过程。主要包括基础数据采集和监测信息采集两部分。基础数据包括空间数据、非空间数据,采集方式主要包括公网收集、出国团组资料收集及项目相关资料人工收集整理等。监测信息包括援建监测站监测数据、湄委会监测数据集、历史资料等,采集方式主要包括数据同步或人工收集整理等。具体数据采集过程参见"6.2.3 信息采集及处理入库"。

(2)数据存储层

数据存储层的核心是防洪抗旱数据库,该数据库是平台实现资源整合与共享的基础,主要用于存储本项目收集到的数据,主要包括基础类和业务类两部分数据。具体防洪抗旱数据库存储的结构和内容参见"6.2.2 数据库设计"。

(3)应用支撑层

应用支撑层包括基础应用服务、专业模型计算服务、空间信息服务、非空间信息服务、基础支撑工具。基础应用服务包括统一用户、统一权限、统一认证、服务管理、数据字典管理、日志管理等;专业模型计算服务包括洪旱预报预警及降雨预报方案等;空间信息服务包括基础空间信息服务、专题空间信息服务、水利空间数据分析服务等;非空间信息服务包括基础信息共享服务及实时共享服务;基础支撑工具包括 ETL 工具、GIS 服务器、应用服务器、大数据引擎 Elasticsearch 等。空间信息服务、非空间信息服务、基础支撑工具相关具体内容可参见"6.3.2 防洪抗旱数据的整合与共享"。

(4)应用层

应用层主要包括综合信息服务系统和洪旱预警预报系统,均在综合应用门户上进行了集成。其中综合信息服务系统是用于集成和展现澜湄流域范围内的空间信息和属性信息的系统,具体内容参见"6.3.3 综合服务系统开发"。洪旱预警预报系统基于模型计算自动完成预报作业和数据前后处理,具体内容参见"6.3.4 洪旱预警预报系统开发"。

6.3.1.3 安全体系设计

(1)安全风险分析

1)业务信息安全风险分析

业务信息安全指业务信息的保密性、完整性和可用性。本平台业务信息主要包括水利对象基础资料、水利业务数据和其他数据。本平台提供的信息,特别是共享的水文信息,具有关注度高、权威性强等特点,如遭遇篡改,会影响用户获取公开数据资源。

2)系统服务安全风险分析

系统服务安全是指可以及时有效地提供服务,以完成预定的业务目标。本平台服务主要包括水行政管理应用服务、专业模型计算服务、空间信息服务、非空间信息服务等。本平台提供的服务，如遭到侵害，造成服务短时终止，会给业务工作带来一定程度的不利影响。

（2）安全防护技术体系建设

1）网络安全

利用现有网络出口及上网行为管理系统，对通过网络传输的数据进行分析和识别，对违规内容进行审计、告警及阻断，方便网络事件溯源，可预防DOS攻击、非法外联控制等，可进行用户权限管理，具有识别准、管理精准、网络数据更透明的特点，有利于加强上网行为管理，提高安全审计能力。

2）主机安全

为保障本项目主机的网络安全，需要从虚拟机安全管理、主机防病毒、主机加固、漏洞扫描等方面开展建设。

虚拟机安全管理：由于本项目应用采用虚拟机进行部署，需要对虚拟机之间的访问进行安全防护，本项目通过部署主机加固软件实现虚拟机防火墙功能。主机防病毒，本项目拟部署单机版防病毒软件，实现服务器主机防病毒功能。

主机加固：本项目对主机部署加固系统，通过服务器内核加固技术，加强操作系统自身对抗恶意代码和黑客攻击的能力，抵御非法提权、非法创建可执行文件等黑客行为，有效降低无补丁可打、无法打补丁带来的的安全风险；提供强制访问控制机制，根据对执行程序的强制访问控制、对信息资源的强制访问控制的不同，分别制定不同的访问控制规则，严格控制用户行为，支持基于USB-key的双因素认证功能。

漏洞扫描：本项目拟利用漏洞扫描系统，实现对网络内的系统存在的漏洞和弱口令的深度检测功能。

3）应用安全

利用Web应用防火墙，记录分析攻击样本库及漏洞情况，构建平台应用级入侵防御系统，解决网页篡改、数据泄露和访问不稳定等异常问题，保障网站数据安全性和应用程序可用性。同时，在应用系统开发中加强身份鉴别、访问控制和安全审计三方面的内容。

身份鉴别：完善应用系统认证模块，支持用户名密码或数字证书或其他鉴别方式等认证方式，增加密码复杂度检查、密码定期修改提醒等安全措施。

访问控制：完善日志管理模块，对应用系统功能操作和数据访问行为进行权限划分，针对不同角色进行访问授权，清除超级用户权限，保证用户访问安全性。

安全审计：完善系统安全审计模块，对系统不同用户的访问行为进行记录，提供操作行为的查询与统计分析功能，为分析用户异常行为提供数据支撑。

4）数据安全

本项目数据安全主要通过利用数据备份和恢复措施等来实现。利用现有备份设备，结合多种备份策略，保证数据安全。

（3）安全管理体系建设

安全管理体系包括安全组织机构和安全管理制度两个部分。

1）安全组织机构

根据《长江委网络及信息安全管理办法》，明确本项目安全管理机构，以及从事系统管理、安全管理和审计的人员与职责，保障系统安全稳定运行。

2）安全管理制度

根据《长江委网络及信息安全管理办法》《长江委政务外网信息安全管理制度汇编》，制订密码应用方案相关管理制度，严格执行相关安全管理和运行管理制度，保障系统安全运行。

6.3.1.4 运行环境设计

（1）运行环境设计

1）通信网络设计

本项目相关软硬件设备运行在虚拟机环境二级应用服务区内，该服务区已针对外域安全域划分、网段划分、通信网络结构安全加固、网络安全互联、网络管理及网络设备防护等方面开展了相关的建设。

2）区域边界设计

本项目相关软硬件设备部署在虚拟机环境二级应用服务区内，该服务区已针对外域边界访问控制、网络安全审计、边界完整性检查、入侵防范、网络恶意代码防范等方面开展了相关的建设。

3）计算环境设计

保障范围包括机房、1台应用服务器（虚拟化服务器，Windows操作系统）、1台数据库服务器（安装Oracle数据库管理系统）、1台GIS应用服务器（Windows操作系统）、本项目定制开发的应用系统等，安全计算环境设计包括物理安全、身份鉴别、自主访问控制、标志和强制访问控制、安全审计、剩余信息保护、入侵防范与恶意代码防范、资源控制等。

物理安全。物理安全主要指机房等物理设备的安全，主要包括位置选择、环境、建筑与结构、电子信息设备供电电源质量、给水排水、消防等方面。

身份鉴别。主机和数据库：通过操作系统和数据库管理系统的配置达到相关安全管理要求，具体包括口令规范、登录失败处理、认证数据加密等；本平台将利用安全运维审计系统，提高身份标识和鉴别防范能力。应用系统：本平台涉及的应用系统采用两种以上的身份认证方式，包括手机号密码加验证码和用户名密码加验证码方式。

自主访问控制。主机和数据库：针对安全策略控制，启用操作系统和数据库访问控制功能，依据安全策略控制用户对重要文件、服务、共享路径等资源的访问；针对权限分配，根据管理用户的角色分配权限，实现管理用户的权限分离，仅授予管理用户所需的最小权限。应用系统;针对安全策略控制,本平台通过定制开发实现用户对文件、数据库等客体的访问控制;针对权限分配,将采用基于角色管理的权限管理模型,授予不同账户为完成各自任务所需的最小权限。

标志和强制访问控制。利用操作系统和数据库自身所具备的重要资源敏感标记功能,对重要信息资源设置敏感标记,依据安全策略严格控制用户对有敏感标记重要信息资源的操作。

安全审计。开启服务器和数据库的安全审计功能,审计范围覆盖到服务器和重要客户端上的每个操作系统用户和数据库用户,对于远程管理服务器的用户,本平台将利用安全运维审计管理系统,实现其操作审计。同时,本平台还将利用日志审计系统,实现服务器自身所产生的日志管理;利用开启审计进程保护功能,保障审计功能的正常运行。

剩余信息保护。通过使用最新正版操作系统和数据库系统,防止后门、木马等,实现鉴别剩余信息、文件、目录和数据库记录信息的保护。

入侵防范与恶意代码防范。针对主机和数据库,利用已有的防病毒软件实现入侵检测、完整性检测、补丁升级和恶意代码防范。

资源控制。对主机和数据库的登录控制、会话控制、资源分配、监控报警等操作进行管理。

在数据备份方面,利用备份服务器和备份管理软件,采用并行备份技术,提高备份效率,缩短备份与恢复时间,实现对数据的统一集中高效备份管理。

(2) 运行环境管理

运行环境管理主要包括系统建设管理、系统运维管理、安全管理制度、安全管理机构、人员安全管理 5 个方面。同时将安全管理保障体系与安全技术防护相结合,从而保障整体系统的安全运行。

6.3.1.5 系统集成设计

(1) 集成内容

集成内容主要包括业务逻辑、用户界面、数据资源集成三个层次的内容,集成方案有 CAS 和用户映射两种,综合信息系统和洪旱预警预报系统采用 CAS 方式集成。

1) 业务逻辑集成

平台与其他系统之间的业务逻辑集成,可以采取整体集成方式,通过网络访问地址,直接将业务系统整体纳入平台,也可将接口封装成使用 HTTP/HTTPS 协议的 Web 服务,通过应用支撑平台统一调用和管理。同时,在门户上基于 IFRAME 等方式实现不同系统重要信息集中展现,以实现不同系统之间的业务逻辑集成。系统内部接口各模块之间采用函数调用、参数传递、返回值的方式进行信息传递,接口传递的信息将是以数据结构封装了的数据,以参数传递或返回值的形式在各模块间传输。

2)用户界面集成

在同一个系统中,用户界面集成主要实现子系统、功能模块、可交互服务等使用共同的界面展现形式与风格,有相似的外观,以及采用共同的用户交互标准集。

3)数据资源集成

数据集成的目标是解决信息系统底层的数据同步性、时效性问题,也能够反映数据来源的唯一性、真实性、时点性。需要在系统开发时,在确保数据信息能够安全保密的前提下,合理规划系统数据信息,设计集成方案,减少集成造成的数据冗余,更有效地实现信息共享。系统数据集成的主要技术路线包括:

1)利用ETL工具实现数据整合集成。对于允许直接进行数据库底层数据交换的系统,数据整合集成主要通过ETL工具软件,采用数据交换技术实现数据从多个数据源转换映射并装载到目标数据库,用以实现系统数据的统一管理维护。

2)利用平台提供的交换系统实现数据整合集成。借助程序调用接口管理子系统,利用已有的基于EAI/EIP技术的接口、基于Web Service实现的共享数据接口等进行数据的集成。

(2)集成方案

集成方案有CAS和用户映射2种。CAS方案支持Java、.NET和PHP共3种编程语言开发的B/S架构应用系统。对于其他架构的应用系统,或无法进行升级的系统,可采用用户映射方案进行单点登录集成。

1)CAS方案的主要技术路线

用户身份认证全部由应用支撑平台完成,桌面版门户和应用系统直接利用应用支撑平台的身份认证结果,不再独立进行身份验证。CAS方案的身份认证流程如图6.15所示。

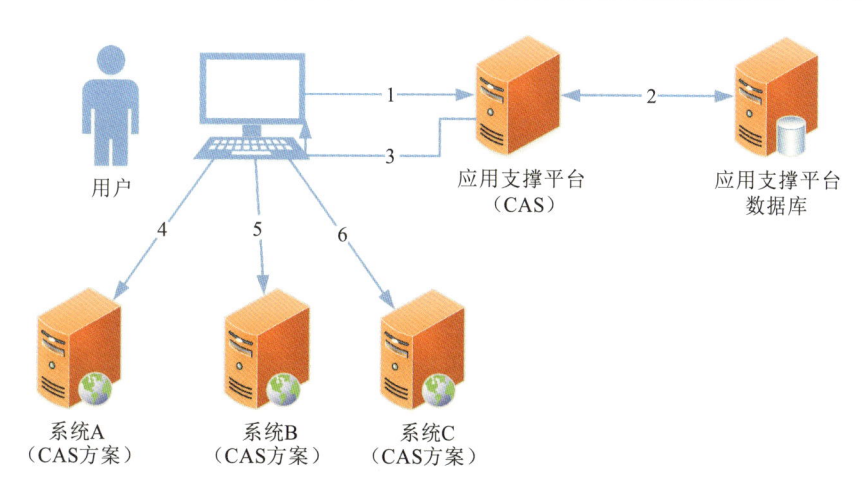

图6.15 CAS方案认证示意图

①用户输入登录名、登录密码信息;

②应用支撑平台通过用户数据库验证用户输入的登录名和登录密码是否匹配;

③身份认证成功,向用户浏览器发出重定向指令;

④⑤⑥直接访问 CAS 方案集成的应用系统(无需再次输入认证信息)。

应用系统采用 CAS 方案进行身份认证集成时需要进行适应性改造,新增 CAS 认证渠道(原有认证渠道和其他业务功能不受影响),具体步骤包括引入第三方工具包、修改配置文件、新增用于获取用户登录名的认证页面。

2)用户映射方案

用户映射方案是基于应用系统的独立认证服务,其主要技术路线为:应用支撑平台存储应用系统用户登录特有的登录名和登录密码,并维护应用支撑平台用户与应用系统用户之间的映射关系。用户登录桌面版门户后,如需访问采用用户映射方案集成的应用系统,则由应用支撑平台根据映射关系,按应用系统的要求实时构建包含登录认证信息的 URL,用户通过浏览器访问该 URL,应用系统再次进行身份认证。

用户映射方案的身份认证流程如图 6.16 所示。

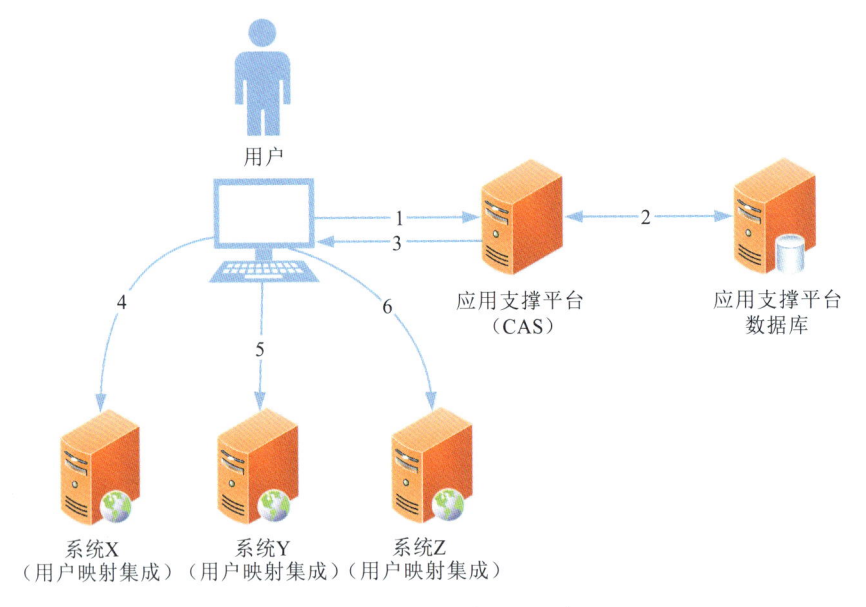

图 6.16 用户映射方案认证示意图

①用户输入登录名、登录密码信息;

②应用支撑平台通过用户数据库验证用户输入的登录名和登录密码是否匹配;

③身份认证成功,向用户浏览器发出重定向指令;

④⑤⑥应用支撑平台根据数据库中存储的映射关系,按应用系统的要求构建包含登录认证信息的访问请求 URL,用户通过浏览器访问该 URL,应用系统需要再次进行身份认证。

6.3.2 防洪抗旱数据的整合与共享

6.3.2.1 数据共享现状与问题

(1)数据共享现状

1)中国与湄公河国家之间的数据共享

中国作为澜湄流域上游国家和湄委会对话伙伴国,多年来积极与湄公河国家和湄委会开展水文信息共享与交流。2002年中国水利部与湄委会签订了《中国水利部向湄委会秘书处提供澜沧江—湄公河汛期水文资料的协议》,建立了汛期水文报汛机制,自2003年汛期以来向湄委会秘书处提供允景洪、曼安两个出境水文站汛期(6月1日—10月31日)实时水雨情数据。我国云南省航运管理部门与湄公河国家地方政府也建立了水文信息报汛制度,定期向湄公河国家共享水文流量变化信息,为湄公河国家航运管理部门和从业民众提供了数据服务。此外,在梯级水电站检修、水污染突发事件等紧急条件下水位流量发生较大变化情况下,水利部通过澜湄水资源联合工作组向湄公河国家通报水位流量变化信息。

澜湄合作机制启动以来,水资源合作作为澜湄合作机制重点领域,水资源信息共享得到了进一步加强。以部长级会议为引领、联合工作组会议为抓手、澜湄水资源合作论坛为支撑的澜湄水资源合作机制通过项目务实合作、技术培训、经验交流等多种方式在数据信息共享方面开展了大量工作。在中国—东盟海上合作基金澜湄水资源合作项目的支持下,中方援助老挝建设了25个自动水文监测站和老挝国家水资源数据信息中心,显著提高了老挝水文信息采集能力。

但随着澜湄合作机制的深入,结合我国澜湄方向水外交的战略需要,目前澜湄水资源合作信息共享水平远不能满足澜湄国家实施水资源深度合作对水资源信息共享的需求,信息共享数量和质量均有待进一步提升。未来中国应加强与湄公河国家间的数据共享力度,如在澜沧江流域关累等关键水文站建设与信息共享、枯季梯级水库水位流量数据共享、澜沧江水资源年报与专报分析成果共享方面提高澜湄水资源合作信息共享水平,照顾湄公河国家水资源信息共享的重要关切;同时,应就数据共享与湄公河国家开展双多边磋商,并努力争取达成相应协议,共建澜湄流域水资源相关数据共享平台,更好服务澜湄水资源合作,服务澜湄国家防洪抗旱等水相关自然灾害的应对能力,提升澜湄国家水旱灾害管理能力。

2)湄公河国家之间的数据共享现状

在湄委会和湄公河下游倡议等多边合作组织或机制支持下,湄公河国家以项目资助的方式开展了信息平台建设、数据共享标准制定等信息共享尝试工作,推动了湄公河国家之间数据信息共享工作,取得了一定成效。

湄委会信息共享系统

湄委会是柬埔寨、老挝、泰国和越南四国政府建立的政府间合作组织,于1995年成立。

2000年7月,湄委会开始建设湄委会信息平台系统,签订了数据共享合作协议,建设了部分水文监测站点。依托多年来开展的数据采集项目以及与各成员国之间签订的合作备忘录,湄委会信息共享平台系统积累了16000余个数据集,数据类型涵盖行政区划、农业、环境生态、洪水管理、自然资源、经济社会以及水资源等十个大类。以实时水雨情监测数据为例,湄委会各成员国向湄委会共享了湄公河干流和重要支流上的58个水文气象站(均为湄委会出资建设、运行)监测数据,其中老挝17个站、泰国11个站、柬埔寨15个站以及越南15个站。

湄委会信息共享平台系统除了提供数据汇集与共享服务外,还开发建设了一套决策支持框架(DSF,Decision Support Framework)工具,主要包括水文模型(SWAT)、水力学模型(ISIS)、流域模拟模型(IQQM)以及基于时空信息的影响评估工具,为各成员国开展水资源开发利用规划提供专业应用工具。

尽管湄委会在促进各成员国数据开放共享方面取得了一定成效,但湄委会信息平台水文站点数量有限、监测数据标准与格式不统一、报送不及时、数据质量不高等短板与不足,严重限制了湄委会应用工具作用的发挥。湄公河流域水资源数据采集与共享工作严重依赖湄委会投资力度和技术支持,成员国自身建设的水文站点监测数据仍然难以共享,流域出现旱情和洪水威胁时,预警预报能力严重不足,远远无法满足开展水资源保护利用的需求,对湄公河国家防洪抗旱与水资源管理的支撑有限。

湄公河水数据平台

湄公河下游倡议是2009年由美国提议,缅甸、柬埔寨、泰国、老挝、越南五国参加的美湄合作机制。2017年在湄公河下游倡议第10次部长级会议上,美国提出湄公河水数据倡议概念,并在此倡议基础上,启动了湄公河水数据平台(Mekong Water Data Platform,MWDP)的筹划和建设工作。该平台包括湄公河水文共享(Mekong Hydroshare)以及湄公河伙伴数据工具和服务两大模块,于2019年4月发布并投入试运行。由于尚处试运行阶段,目前仅能检索到越南共享的89个数据集。

湄公河下游倡议MWDP平台主要目的是打造湄公河区域水数据集,建设重点是针对科研工作者等注册用户提供数据检索、存储和管理平台,增进不同用户和机构间的数据共享。MWDP平台开放和包容建设理念能够充分调动机构和个人的参与度,不受政府间协议和湄公河下游倡议合作机制进展的影响。但该平台数据集由数据所有者自身管理,数据标准不一,数据关联较弱,数据量较少,访问速度比较慢,难以形成系统性数据体系,尚未提供模型模拟或者其他分析应用工具,不利于后期深入挖掘、分析和应用,且现有信息平台架构难以支撑其在业务应用中发挥影响力。

(2)存在的问题

澜湄区域水资源信息共享虽然取得了一定成效,但仍缺乏全流域层面数据共享机制,尚未形成真正的澜湄流域数据共享机制和通道,不能为流域层面的水资源深入合作提供有力支撑。主要体现在：

①缺乏全流域层面数据共享机制和权威信息发布平台，造成涉水信息透明度不高，影响流域国合作互信，影响澜湄合作健康可持续发展。

目前澜湄流域开展了一些数据共享工作，但仍然存在数据有限、监测站点较少、时间序列不长、数据质量不高、数据不连续等问题。中国向湄公河国家和湄委会提供水资源信息机制和通道，但缺乏双向水资源数据流通与共享机制和平台。湄委会四个成员国之间也尚未形成全流域层面有效的充分的信息沟通与共享，难以满足澜湄流域信息共享需求和澜湄合作机制发展的需要。澜湄国家之间信息不透明和各国内部数据共享短板，导致在水旱灾害等特殊时期，相互猜忌，缺乏应急合作的技术基础。同时，澜湄各国水资源管理人员、学者、民众无法全面、系统地了解和利用合作成果，不利于促进各方消除分歧、达成共识。亟需强化信息聚合度，提供长期、稳定、权威、透明、达成共识的信息发布渠道，提升各方深化合作的能力和水平。

②缺乏流域一体化管理的信息和应用基础，不利于澜湄流域水旱灾害防御和水资源开发利用水平的整体提升，亟需找准突破口深化实化流域各国水资源合作，促进流域整体发展。

澜湄流域水旱灾害频发，水利基础设施建设总体发展水平不高，水旱灾害防御和水资源开发利用水平不一，特别是在老挝、柬埔寨等国，水利发展已经成为制约地区经济社会发展的瓶颈。长期存在的天然水灾害和人为水问题严重影响了流域整体的供水安全、防洪安全和水生态安全。亟需尊重河流天然的整体属性，避免条块分割式的管理，实施全流域水资源信息共享，推进全流域预报调度和干旱研判分析，逐步促进全流域水环境水生态保护与修复，以水资源发展为支撑，推动沿河国家经济社会发展、减灾减贫、增进民生，促进澜湄六国共同发展、携手共进。

6.3.2.2 数据整合方法

(1) 整合对象与思路

1) 整合对象

从平台需求出发，待整合的数据主要包括：

澜湄流域基础信息包括空间数据和非空间数据。空间数据包括基础地理数据、水利基础数据、水利专题数据，涉及流域、河流、湖泊、水电站、水库、测站、舆情点、考察点等水利对象。非空间数据包括与空间数据关联的属性数据、出国团组数据、其他相关资料等。

澜湄流域监测信息包括援建监测站、湄委会网站监测数据集、历史资料等多个来源。

2) 整合思路

一般而言，根据集中存储的数据形式和最终数据供给方式的不同，可分为物理集中和逻辑集中两种方式。

澜湄流域基础信息：基础地理数据主要为天地图、ArcGIS online等第三方在线地图服务数据，因此采用逻辑集中的方式，直接以在线地图服务的方式接入平台作为基础底图；水利基础数据、水利专题数据等空间数据及其关联的属性数据、出国团组数据、其他相关资料，则主要通过物理集中方式进行整合。

澜湄流域监测信息主要通过物理集中方式进行整合。

（2）整合方法

1）ETL数据整合

利用ETL工具实现数据整合集成。对于允许直接进行数据库底层数据交换的系统，数据整合集成主要通过ETL工具软件，采用数据交换技术实现数据从多个数据源转换映射并装载到目标数据库，实现系统数据的统一管理维护。

2）人工数据处理

对于部分结构不统一、标准化不强的数据，还需经人工方式完成资料收集和整理过程，将分散的数据按整合需求进行集中，并进行统一结构、去除重复、统一编码、标准化处理、关系挂接等操作，最终完成入库工作。

3）数据可视化与融合展现

通过综合服务系统以地图为载体、水利对象为纽带，对各类数据资源进行了统一的空间展布和融合展现。此外，针对其中的水雨情数据、多媒体数据建设了个性化的数据分析工具，为数据分析利用提供了基础手段。

6.3.2.3 共享服务构建

（1）空间信息服务构建

利用GIS软件对所收集到的各类空间数据进行处理、融合、空间拓扑检查，并开展专题图制作、地图服务发布等工作，最终提供符合OGC标准的WMS、WFS、WMTS等类型的服务。

WMS服务是Web Map Server（网络地图服务）的缩写，能够根据用户的请求返回相应的地图（包括PNG、GIF、JPEG等栅格形式或者是SVG和WEB CGM等矢量形式）。WMS支持网络协议HTTP，所支持的操作是由URL定义的，它有三个重要接口——GetMap（获取地图）、GetCapabilities（获取服务能力）、GetFeatureinfo（获取对象信息）。

WFS（Web要素服务）支持对地理要素的插入、更新、删除、检索和发现服务。该服务根据HTTP客户请求返回GML数据。其基础接口是GetCapabilities、DescribeFeatureType、GetFeature。

WMTS，Web地图瓦片服务（Web Map Tile Service），提供了一种采用预定义图块方法发布数字地图服务的标准化解决方案。WMTS牺牲了提供定制地图的灵活性，代之以通过提供静态数据（基础地图）来增强伸缩性，弥补了WMS不能提供分块地图的不足。

(2)非空间信息服务构建

非空间信息包括空间关联的属性信息、出国考察团组资料以及项目相关资料等信息,基于这些非空间信息提供数据查询服务。如属性信息查询服务、出国团组资料查看服务及项目成果查看服务。

1)属性信息查询服务

基于空间对象的要素编码字段进行查询,属性信息包括基础信息与业务信息,该查询服务依托于 OGC 标准的 WFS 接口实现,用户传入参数即可完成查询。

2)出国团组资料查看服务

出国团组资料包括团组名称、时间、考察目的、考察行程、考察资料等内容,考察资料包括图片、视频、报告等内容。该服务提供一个可视化界面,能够查看单个考察点的出国团组资料信息。

3)项目成果查看服务

项目成果包括项目过程中收集、其他单位提交、项目产生的成果报告等资料。此类服务以最终成果进行归档,记录成果时间、类别,并可以提供在线预览服务。

6.3.2.4 基础支撑工具

基础支撑工具是开展数据整合与共享工作所需要的基础工具,包括 ETL 工具、GIS 服务器、应用服务器、大数据存储集群 Elasticsearch 等。

(1)ETL 工具

ETL,Extraction-Transformation-Loading 的缩写,中文名称为数据抽取、转换和加载。一般随着业务的发展扩张,产线也越来越多,产生的数据也越来越多,这些数据的收集方式、原始数据格式、数据量、存储要求、使用场景等方面有很大的差异。作为数据中心,要保证数据的准确性、存储的安全性、后续的扩展性,以及数据分析的时效性。ETL 工具用于处理或同步不同数据库到目标数据库,数据中心整体架构如图 6.17 所示,ODS 是操作性数据,Data Warehouse 是数据仓库,Data Mart 是数据集市。

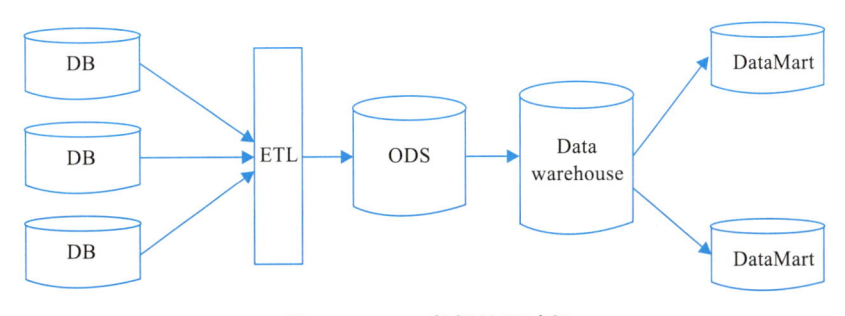

图 6.17 ETL 数据处理过程

1)数据抽取

数据抽取是指把 ODS 源数据抽取到 Data Warehouse 中,然后处理成展示给相关人员查看的数据,源数据包括用户访问日志、自定义事件日志、操作日志、业务日志、各服务产生的日志、系统日志、监控日志以及其他日志。抽取频次可以是一天一次,也可以是一小时一次,具体根据数据要求而定,抽取方式包括增量抽取或者全部拉取方式。

2)数据转换、清洗

把不需要的和不符合规范的数据进行处理,考虑到有时可能会查原始数据,数据清洗最好不要放在抽取的环节进行。数据清洗主要包括控制处理、验证数据正确性、规范数据格式、数据转码、数据标准统一。

3)数据加载

数据拉取、清洗完之后,就需要进行数据加载过程。一般是把清洗好的数据加载到 oracle 或 MySQL 中,然后在各系统中使用,或者使用数据加载软件直接给相关人员展示。

(2)GIS 服务器

平台的空间数据处理软件采用 Arcgis 系列的制图与服务软件,版本为 10.4,制图软件采用的是 ArcMap,服务发布软件采用的是 Arcgis Server,同时 Arcgis Server 的数据源包括本地 shapefile 文件以及空间数据库中的空间数据,Arcgis Server 采用直连的方式连接 Oracle 空间数据库,发布的服务能够根据数据的变化动态更新。

GIS 服务器由三台服务器组成,操作系统均为 windows server 2008 R2 standard,CPU 为 16 核,内存为 64G,存储 1T,其中 1 台服务器用于存储空间数据,2 台服务器用于对外提供地图服务。

(3)应用服务器

应用服务器用于对用户提供系统平台的访问入口,占用固定的 IP、端口,本平台采用的应用服务器为 Tomcat8.5,Tomcat 服务器是一个免费的开放源代码的 Web 应用服务器,属于轻量级应用服务器,在中小型系统和并发访问用户不是很多的场合下被普遍使用,是开发和调试 B/S 架构系统的首选。Tomcat 是占用一个独立的进程单独运行的,可用于响应 HTML(标准通用标记语言下的一个应用)页面的访问请求。其内存参数、虚拟目录、数据源等参数的配置使得 Tomcat 能够灵活运用,满足于不同场景下的需求。

(4)大数据存储集群

针对水文监测数据量大、更新频繁等特点,利用大数据库集群的技术解决监测数据的存储问题。分布式的集群能够保证数据的高并发请求、数据备份等需要,并利用其查询速度快的优势有效提高数据的响应速度,提高用户体验。

本平台中采用的集群是 Elasticsearch7.1,ElasticSearch 是一个基于 Lucene 的搜索服务器,它基于 RESTful web 接口提供了一个分布式多用户能力的全文搜索引擎。

Elasticsearch 是用 Java 语言开发的,并作为 Apache 许可条款下的开放源码发布,是一种流行的企业级搜索引擎。主要用于云计算中,能够实现实时搜索,稳定,可靠,快速,安装使用方便。官方客户端在 Java、.NET(C♯)、PHP、Python、Apache Groovy、Ruby 和许多其他语言中都是可用的。根据 DB-Engines 的排名显示,Elasticsearch 是最受欢迎的企业搜索引擎,其次是 Apache Solr,也是基于 Lucene 的。

利用 Elasticsearch7.1 的特性,从数据安全上考虑,需要设置访问权限,并建立不同的角色来响应不同场景下的需求。如监测数据的查询只需要能够查询的角色,不需要对数据进行修改或删除,从入口上保证了数据的安全。同时,为应对后台数据同步程序,需要对数据进行批量插入、删除、更新等操作,需要建立管理员角色,该角色拥有所有权限,在使用中也只有该角色知晓账户和密码。

6.3.2.5 数据整合与共享成果

通过对澜湄流域防洪抗旱数据资源初步整合,得到了空间数据资源、属性数据资源、共享服务等。

矢量数据资源包括流域边界、流域分区、流域 DEM、国家边界(澜湄流域范围)、河流、湖泊、水电站、水库、测站、考察点等 10 类数据;属性数据资源包括上述各类矢量对象对应的基础信息、水文监测数据、考察团组资料(包括图片、视频、报告等)等;共享服务资源包括符合 OGC 标准的各类 WMS(网络地图服务,Web Map Service)、WFS(网络要素服务,Web Feature Service)服务。

截至 2019 年 12 月 31 日,已整合资源如表 6.8 所示,属性数据统计如表 6.9 所示,共享服务如表 6.3-3 所示。

表 6.8　　　　　　　　　矢量数据资源

序号	图层	几何类型	制图表达	数量
1	澜湄流域边界	面	线	1
2	流域分区	面	线	101
3	流域 DEM	面	面	1
4	国家边界	面	面→线	6
5	河流	线	线	206
6	湖泊	面	面	16
7	水电站	点	点	30
8	水库	点	点	178
9	测站	点	点	151
10	考察点	点	点	41
合计				731

表 6.9　　　　　　　　　　　　　属性数据资源

序号	属性数据	数据内容	数据量
1	测站监测信息	湄公河委员会公开的监测站监测信息	6,204,002
		老挝水文监测站监测信息	115,664
		澜沧江干流功果桥至曼安监测站监测信息	293,307
		南欧江流域监测站监测信息	2,796,853
2	考察团组资料	2017年11月水生态考察资料	72
		2019年3月水文局水文站考察团组	89
		2019年5月澜湄水资源合作项目示范建设验收及绩效评价团组	93
		2019年9月老挝南乌河水文预报方案编制野外查勘与资料收集团组	64

表 6.10　　　　　　　　　　　　　共享服务

序号	服务名	中文名称	要素类型	服务类型
1	SLGC_V_20190620	水利工程	水电站、水库	wms,wfs
2	RIVER1_V_20191008	河流	河流、湖泊、澜湄流域一级水系	wms,wfs
3	NWHLY_V_20190907	南乌河流域	南乌河河流、南乌河流域边界	wms,wfs
4	LYBJ_V_20190826	流域边界	流域边界	wms
5	CZKCD_V_20191011	测站考察点	测站点、考察点	wms,wfs
6	CZKCD_V_20191011CX	测站考察点查询	测站点、考察点	wfs
7	Country_V_20190423	国家	国家	wms,wfs
8	GQ_V_20190621	灌区	灌区数据	wms,wfs
9	DAM_V_20190722	大坝	大坝数据	wms,wfs
10	SJYCZD_V_20190621	设计院测站点	测站点数据	wms,wfs
11	weatherstation_clip	清华大学气象服务	气象服务	wms
12	LM_DEM	澜湄DEM地形	澜湄DEM地形数据	wms,kml

6.3.3　综合服务系统开发

集成和展现空间信息和属性信息，集成展现天地图、ArcGIS online 等第三方在线基础空间信息服务，以及中国—东盟防洪抗旱应急管理项目建设的河流、湖泊、水库、测站等水利专题空间服务。属性信息集成与展现即集成展现水利专题要素的基本信息、水文监测站点的动态监测信息，以及本项目中其他与空间要素相关联的项目成果。通过后台管理系统完成不同专题建设、用户授权、数据接入等内容。

6.3.3.1　数据模型设计

采用 Oracle 11g 数据库，Oracle 是一种适用于大型、中型和微型计算机的关系数据库管理系统，它使用 SQL(Structured Query language)作为数据库语言。标志符编码统一采用中英文结合，数据库数据表字段采用汉语拼音，且统一采用大写，用户交户界面采用中文字段，便于用户理解。数据模型表格清单如表 6.11 所示。

表 6.11　　　　　　　　　　应用数据模型表格清单

序号	名称	代码
1	系统	S_SYSTEM
2	角色	S_ROLE
3	专题	S_THEME
4	功能	S_FUNCTION
5	图层	S_LAYER
6	对象	S_POI
7	服务	S_SERVER
8	用户_角色_关系	S_R_U_R
9	角色_系统_关系	S_R_R_S
10	角色_专题_关系	S_R_R_T
11	角色_功能_关系	S_R_R_F
12	角色_图层_关系	S_R_R_L
13	图层_服务_关系	S_R_L_S
14	图层_对象_关系	S_R_L_P
15	关键字查询总表	S_SEARCHINFO
16	区域表	S_REGION
17	在线标绘点	A_PLOT_POINT
18	在线标绘线	A_PLOT_POLYLINE
19	在线标绘面	A_PLOT_POLYGON
20	字典表	S_DATADICT
21	要素收藏	S_FAVOURITE

6.3.3.2　功能设计

包括前台展现系统功能设计和后台管理系统建设两部分内容。

前台展现系统功能设计主要实现空间服务与属性信息的集成与展现，空间服务包括天地图、ArcGIS online 等公共在线基础地理空间服务，河流、湖泊等基础水利服务，水库、水电站、测站等水利专题空间服务；属性信息包括空间数据的基本信息、水文监测站点的动态监测信息以及相关的多媒体信息。功能主要包括专题切换、图层控制、地图浏览、地图查询、地图标绘、空间量算、书签、收藏等，如图 6.3-618 所示。

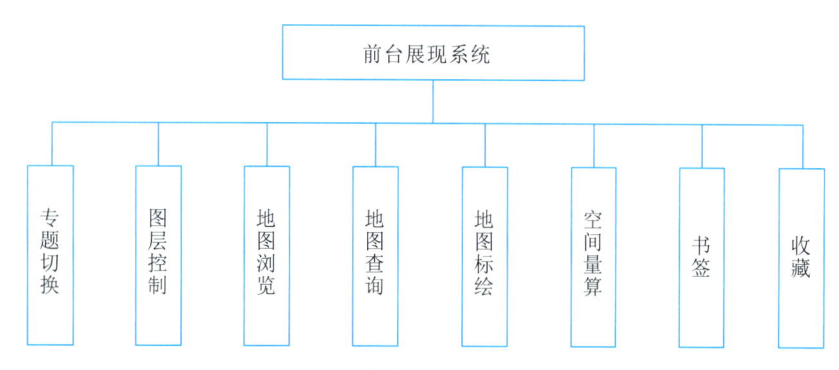

图 6.18　前台展现系统功能设计

1）专题切换。不同的专题下用户可操作的图层和功能不一样，如在"综合管理"专题下，可操作的图层和功能最全面，而在"水利工程"专题下，可能只允许操作大坝、水电站等水利工程信息图层。切换专题主要实现了不同专题之间的切换。

2）图层控制。图层控制功能可以控制图层的显示情况，以测站图层为例：用户需要查看测站的信息，只需要勾选图层中的测站即可显示测站图层。本系统图层涵盖了与水利相关的所有常用图层，基本可以满足各部门的业务需求。图层控制包括水利专题图层显隐控制和底图切换。

3）地图浏览。包括地图漫游、放大缩小、地图平移等功能。

4）地图查询。地图查询包括点选查询、关键字查询、视野内查询、POI 查询等 4 种查询方式。点选查询是指当地图放大到一定的比例尺后，地图视野内的地物信息显示能满足用户的查询需求时，通过鼠标直接点击相关地物即可显示地物信息的功能；关键字查询允许用户通过输入关键字的方式迅速找到想要查找的目标地物；视野内查询可以查询到当前地图窗口中指定类型的地物信息；POI 是 Point of Interest 的简写，即"兴趣点"的意思，POI 查询可以查询当前视野内的指定类别地物的信息。

5）地图标绘。系统提供地图要素的在线标绘功能，支持绘制点、线、面等类型的要素，并可添加属性信息，在地图标绘列表中可快速查看已标绘要素。

6）空间量算。空间量算包括距离量算和面积量算。距离量算支持在地图上绘制连续的线段，然后显示线段的长度；面积量算支持在地图上绘制多边形，然后显示多边形的面积。提供结果的复制功能。

7）书签。将用户当前浏览的地图区域标记为一个书签，保存到数据库。当用户想再次浏览该地图区域时，只需要打开书签功能，通过书签定位到该地图区域即可。

8)收藏。用户可以将地图中的要素添加到收藏列表下,在收藏列表中可以快速定位查看要素。

后台管理系统建设是实现对前台展现系统的用户权限、专题、图层、地图服务、功能模块、数据字典等配置信息的管理。功能主要包括专题管理、图层管理、功能管理、服务管理、对象管理、地名管理、角色管理、用户授权等,如图 6.19 所示。

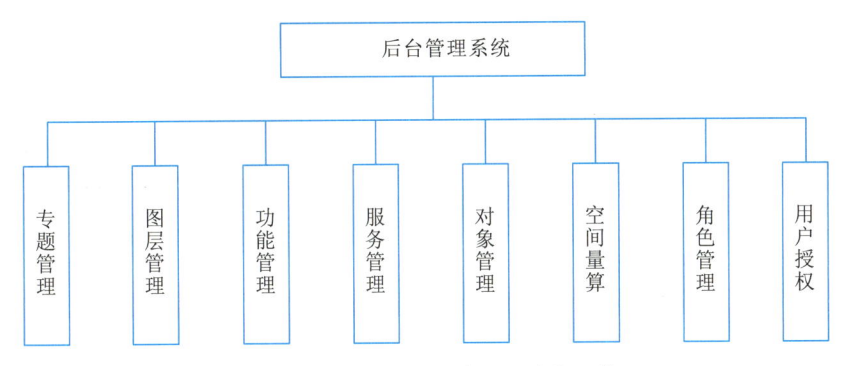

图 6.19　后台管理系统建设功能设计

1)专题管理。对专题进行新增、删除、查询、修改操作,设置专题名称、初始化范围、图标、类型等信息。

2)图层管理。对图层进行新增、删除、查询、修改操作,设置图层名称、图层节点、类型、备注等信息。

3)功能管理。对功能进行新增、删除、查询、修改操作,设置功能名称、地址、图标、类型等信息。

4)服务管理。对服务进行新增、删除、查询、修改操作,设置服务名称、服务地址、类型、来源等信息。

5)对象管理。对对象进行新增、删除、查询、修改操作,设置对象名称、图标、类型、详情、功能按钮等信息。

6)地名管理。对地名进行新增、删除、查询、修改操作,设置地名名称、编码、显示级别、类别等信息。

7)角色管理。对角色进行新增、删除、查询、修改操作,设置角色名称、备注、关联专题、关联图层、关联对象等信息。

8)用户授权。对用户的角色进行新增、删除、查询、修改操作,设置用户的角色。

6.3.3.3　系统界面

综合服务系统界面如图 6.20、图 6.21 所示。

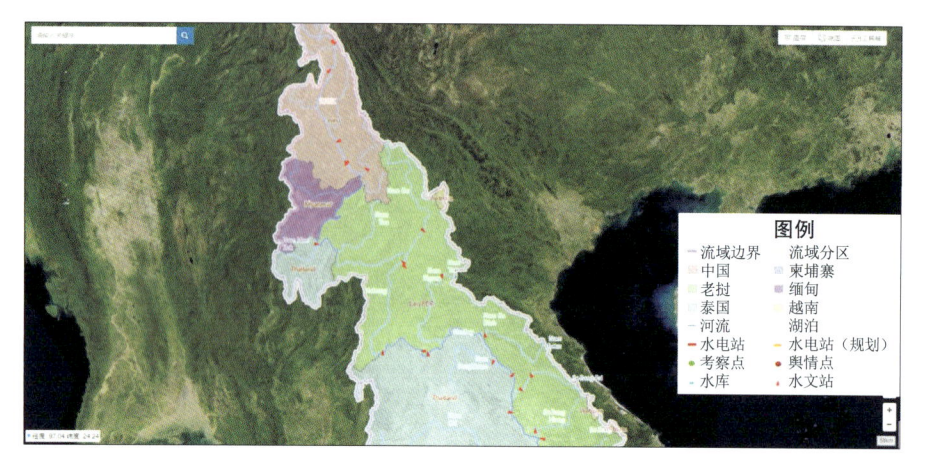

图 6.20　前台展现系统

图 6.21　后台管理系统

6.3.4　洪旱预警预报系统开发

澜沧江湄公河流域水旱灾害频发，给上下游国家都造成了巨大损失，洪旱预警预报对澜沧江—湄公河流域的洪旱灾害防御十分必要。湄委会提供的洪旱预报系统仅覆盖下游国家，工作模式无法满足上下游合作的需要，同时澜湄流域的水文气象监测相对稀少，缺乏覆盖全面的精细化洪水预报模型和方法。因此，为更好开展澜沧江—湄公河水资源合作，共同应对洪旱灾害，需要开发覆盖澜沧江—湄公河全流域的洪旱预警预报系统，一方面充分利用包括地面站、遥感在内的各类可用数据，另一方面能够方便上下游国家之间协同共建和共享，为澜湄流域提供较为可靠的洪旱预报，并为东盟国家防洪抗旱提供技术示范。

为此，系统利用目前主流的云存储系统框架和技术，构建基于云计算的澜沧江—湄公河洪旱预警预报系统，集云数据管理、定制计算、数据可视化等功能于一体，可实现系统开发的云协作，充分利用可公开获取的气象水文和下垫面数据集，简化操作流程，自动完成预报作业和数据前后处理等工作，提高预报精度和作业效率。

系统旨在实现云计算的管理模式，减轻用户设备投入和维护费用。基于云平台，系统对澜沧江—湄公河流域较为密集的地面雨量站和多种卫星遥感数据进行整理入库，同时包括其他关键气象、水文、流域属性等数据，并可整合用户自有数据，构建更完善的数据库。系统实现定制式构建水文模型，在给定河道控制断面基础上，自动提取模拟所需数据。模型计算的多种类型结果都实现在系统上在线展示，方便用户更直观地掌握结果信息。同时鉴于参数对水文模型模拟具有重要影响，系统开发快速高效的参数率定算法，可方便更新不同区域的水文模型参数。功能设计如图 6.22 所示。

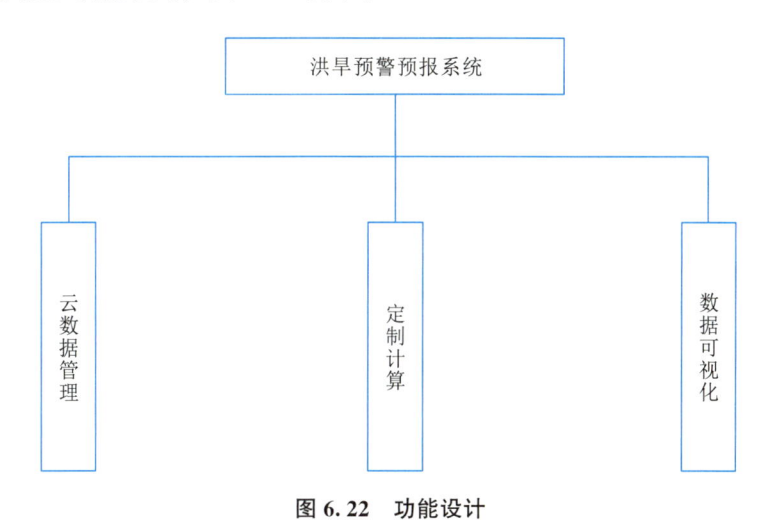

图 6.22 功能设计

参考文献

[1] 楼渐逵. 加拿大 BC Hydro 公司的大坝安全风险管理[J]. 大坝与安全，2000(04)：7-11.

[2] Australian National Committee on Large Dams. Guidelines on risk assessment[S]. 1994.

[3] 盛金保，厉丹丹，蔡荨，等. 大坝风险评估与管理关键技术研究进展[J]. 中国科学：技术科学，2018,48(10)：1057-1067.

[4] Deniel D B, Alessandro P, Salman M A S. Regulatory frameworks for dam safety[M]. The World Bank, 2002.

[5] ANCOLD. Guidelines on Risk Assessment. Tatura：Austral Jan National Committee on Large Dams[M]，2003.

[6] 陈生水. 新形势下我国水库大坝安全管理问题与对策[J]. 中国水利，2020(22)：1-3.

[7] 李宏恩，盛金保，何勇军. 近期国际溃坝事件对我国大坝安全管理的警示[J]. 中国水利，2020,(16).

［8］向衍,盛金保,袁辉,等. 中国水库大坝降等报废现状与退役评估研究. 中国科学:技术科学,2015,45：1304-1310

［9］Dowrueng, Apinat, Chinoros Thongthamchart, Nanthiya Raphitphan, et al. 'Decision Support System in Thailand's Dam Safety with a Mobile Application for Public Relations: DS-RMS (Dam Safety Remote Monitoring System)', International Journal of Decision Support System Technology, vol. 14/no. 1,（2021）.

［10］盛金保等. 水库大坝风险及其评估与管理[M],河海大学出版社,2019

［11］中华人民共和国水利部. 水库大坝安全评价导则:SL 258—2017[S]. 北京:中国水利水电出版社.

［12］彭雪辉. 中国水库大坝风险标准研究[M]. 中国水利水电出版社,2015.

第 7 章　澜湄水资源合作科学实践展望

CHAPTER 7

水资源是澜湄合作机制各成员国人民赖以生存的重要自然资源和宝贵财富。水资源可持续利用对支撑经济社会可持续发展，维护区域生态安全，推进联合国 2030 年可持续发展议程至关重要。澜湄区域国家均处于经济社会快速发展阶段，工业化和城镇化对水资源的需求日益增长。针对流域各国共同面临的诸如洪旱灾害频发、局部地区水生态系统受损、水污染加重以及气候变化带来的不确定性等挑战，流域各国需要共同努力，开展科学研究，提高水治理能力，从国家、地区和流域层面加以应对。

7.1　澜湄水资源合作科学实践经验启示

7.1.1　水生态区划分

典型洪旱区域水生态分区研究，着重于澜湄区域生态系统功能划分，明确国家区域生态系统服务，针对流域典型洪旱区域水生态系统的地理空间特性、结构特征和功能特点，以生态优先和坚持流域自然属性为原则，分析了区域内旱季、雨季土地利用及土壤侵蚀变化，为当地政府实施差异化的流域生态环境管理提供了研究结论支撑。

随着澜湄成员国对水电开发、农业集约化灌溉、渔业跨界管理等区域一体化综合管理的需求和愿望增加，国家层面可持续的水资源管理与使用需要进一步细化，因此流域水生态区划研究至关重要。在此研究的基础上，还需要基于生态管理的流域水生态功能区划的概念进一步分析澜湄区域水环境管理能力及地方差异性，根据不同地域的特点，建立起适合于不同生态区域的指标体系，在具有共性技术的分区方法指导下，进行水生态功能分区，这样有助于在流域尺度和时间尺度上权衡人类需求功能与水生态需求功能；同时基于流域水生态功能分区的成果，可将目标流域划分为不同的分类管理功能区，并确立有针对性的流域多指标动态管理目标，从而有助于将生态管理的理念和方法纳入流域水环境功能区划中，更好地服务于澜湄区域未来水环境管理的战略需求。

7.1.2 小流域综合治理

澜湄小流域综合治理行动,以阳鄂村和红山村作为典型试点,针对当地山区复杂的地形条件、水资源禀赋和经济发展现状,制定了改善人居生活环境、提升防洪安全保障、调整村落经济结构、水资源保护空间管控等相关的治理方案,大力推广了中国国内湖北、福建、广西、四川、云南等山区丘陵小流域治理经验技术,改善当地农村生产生活条件和生产方式,推动老少边穷地区水土保持工作的开展,促进了居民脱贫致富。

澜湄小流域综合治理行动关系到民生发展,也对实现现代化、产业化和可持续发展具有重要作用。在下一步工作中,还需借助中国"一路一带"的历史发展机遇,引入中国先进的生态建设与管理经验,拓宽相关资金渠道,扩大有效投资,为澜湄区域生态建设提供有利环境。当前,澜湄国家均处于快速发展阶段,面临着诸多困难,既需要在经济发展上攻坚克难,也需要平衡流域生态环境与发展的关系。充分考虑到湄公河国家经济主要以农业生产为主的经济发展特征,把合理开发利用好水资源作为当地农业发展的根本出路,需要结合山区小流域地理特征,逐渐建立"保水、蓄水、用水、节水"的小流域水资源开发利用体系,合理调整农业产业结构,并培育后续产业,推动水土保持生态建设,林业生态建设,是澜湄国家突破小流域治理传统理念,探索生态科技转型发展的新途径。

7.1.3 农村安全供水

澜湄甘泉行动,以澜湄国家农村安全供水为切入点,通过研究澜湄国家农村社区不同水源类型和供水方式,提出了解决农村供水安全面临的突出的工程型缺水和水质型缺水等典型问题的系统方案,并在典型农村社区开展率先实验,进行了中国的先进饮水技术推广,以及示范点初步建设,一定程度上改善了数十户上百人的饮水卫生条件,给当地社区居民带来了实实在在的利益,并初步取得了较好的社会效益。

澜湄区域农村饮水工程建设直接关系到社区居民健康,因此仍需要大力推动。考虑到澜湄区域农村供水工程体系和建设条件整体偏弱的现实情况,下一阶段还需要对澜湄国家层面农村饮水工程进行整体规划,采取分阶段实施、长期推动的策略,并根据社区建设条件,在有能力建设的区域先行。需要探索当地社区农村饮水安全工程建设的新经验和好做法,推动标准化建设、规模化发展,规划重点村落饮水设施建设,打破当地社区之间的界限,扩大农村社区的供水覆盖范围。澜湄区域农村饮水工程建设现阶段仍存在群众不理解、使用率低的情况,甘泉行动实施单位需要加强与当地政府沟通,共同开展饮水卫生宣传教育活动,以及饮水卫生的知识普及,改变社区居民的落后用水观念。

7.1.4 大坝健康体检

大坝健康体检行动,以高坝病险水库为重点检查对象,确定大坝安全责任主体单位,积极推进水库管理体制改革,并引入中国大坝建设管理法规和标准体系建设经验,研发健康体检智能支持平台,实现了水库大坝安全鉴定的高效智能化,显著提高了病险水库除险加固鉴定效率。另外,配套澜湄区域本土化的非工程建设等配套体系制度建设,改善了澜湄国家大坝安全状况。

澜湄区域大坝运行情况以及隐患问题发现及时与否直接关系到当地经济社会稳定及社区居民生活安全,因此得到了澜湄国家高度重视。澜湄国家均面临着水库大坝建设老化的困境,工程超过或接近设计使用年限,结构老化、性能劣化和淤积等问题渐趋严重,存在防洪标准不足,建筑物异常变形、渗漏甚至损毁等安全隐患。随着厄尔尼诺现象引发的高温强蒸发持续,超标准洪水、强烈地震等自然灾害导致的溃坝事件越发常见。当前,澜湄国家大坝健康体检研究涉及面广,内容丰富,影响因素复杂,因此,下一步需要加强澜湄大坝监测数据分析处理,以监测效应量为诊断指标,融入数据挖掘和大数据分析技术,为大坝健康体检指标定量度量提供支撑。另外,智能化大坝监控系统是未来发展趋势,在现有云平台的基础上,需要推进学习能力、自适应能力和推理决策能力研发,实现澜湄区域智能化大坝健康体检技术应用。

7.1.5 防洪抗旱应急管理平台

防洪抗旱应急管理平台研发,利用目前主流的云存储系统框架和技术,构建基于云计算的澜沧江—湄公河洪旱预警预报系统,实现系统开发的云协作,充分利用可公开获取的气象水文和下垫面数据集,简化操作流程,自动完成预报作业和数据前后处理等工作,提高了洪水预报精度和作业效率,实现了澜沧江、湄公河范围内测站的水文监测信息的统一平台展现,为澜湄流域国家共同应对防洪抗旱工作提供数据基础。

防洪抗旱应急管理平台建设,为更好开展澜沧江—湄公河水资源合作,让六国共同及时、公开、准确地了解区域洪旱灾害情况提供了抓手。受近年来全球气候变化影响,澜湄流域经常遭受洪涝和干旱等自然灾害,对生产、生活造成了严重影响,流域水文情势始终是六国政府和居民关注的重点。下一步工作需要进一步加强防洪抗旱平台建设,澜湄国家集思广益,构建包括水知识、水文化、水工程信息等权威数据,让不同层面的人及时、公开、透明、便捷地了解流域的水情真实情况。另一方面,需要拓展平台提供服务功能,打造六国的专家咨询库、利益相关方库、决策沟通平台,让澜湄六国更好地应对气候变化下整个流域洪涝和干旱的风险挑战。

7.2 澜湄水资源科学实践前景展望

澜湄六国同饮一江水,命运紧相连,在改善民生的关键阶段不断增进民生福祉,繁荣才能持久,安全才有保障。水利工作与澜湄流域民生密切相关,防汛抗洪事关生命安危,饮水安全事关居民健康,水利建设事关生存发展,着力保障和改善民生必须充分发挥水利的基础作用。

从大禹治水开始,中国治水已有几千年历史。数千年来,中国水利活动绵延不断,水里成就举世无双。伟大的中国古代劳动人民修建了郑国渠、都江堰、灵渠、大运河等大批水利工程,在历史上对于经济社会发展起到了重要作用。近50年来,中国持续推动水利科技创新与应用,中国水利建设取得了举世瞩目的伟大成就,水利科技工作取得了丰硕成果。"跟跑"领域差距进一步缩小,"并跑""领跑"领域进一步扩大。长江三峡、黄河小浪底工程的成功建成,充分展现了中国水利工程建设的水平和水利科技的成就。在水利水电工程的勘测、设计、科研、施工和安全检测等方面,建立了完整的技术体系,在高坝筑坝技术、岩土工程、大坝安全监测等方面有了新的突破。水资源评价、水资源配置、水环境保护等技术获得了长足进展。覆盖七大江河重点地区的全国防汛决策指挥系统,为防汛指挥部门提供现代化的调度管理手段。节水灌溉技术、水土保持和生态环境建设研究、河流泥沙与河道整治研究等领域都取得了重大进展。

在澜湄合作第七次外长会上,中华人民共和国国务委员兼外交部长王毅提出在下阶段将实施"兴水惠民计划",与湄公河国家分享合作红利、增添发展动力。六国水相关部门根据澜湄国家当前发展阶段新要求和社区居民期待,把民生水利放在更加突出的位置,以保障人民群众生命安全、生活良好、生产发展、生态改善等基本的水利需求为重点,突出解决好区域群众最关心、最直接、最现实的水利问题,形成保障民生、服务民生、改善民生的水利发展格局,让流域居民共享水利惠民成果。

中国作为澜湄流域国的一员,通过开展澜湄区域水资源合作,积极推动成熟适用的水利科技创新成果和澜湄国家水利行业需求精准对接,不断提升水利科技创新成果推广的针对性、实用性,强化需求凝练、成果集合、示范推广、成效跟踪,落实澜湄区域科技成果推广示范应用。未来,通过澜湄水资源合作平台,加强中国水利科技创新成果的宣传、展示、推介,发挥科普对于水利科技创新成果转化的促进作用。

图书在版编目（CIP）数据

澜湄水资源合作科学研究与应用 / 程东升等著 . -- 武汉：长江出版社，2024.5
（澜湄水资源合作研究丛书）
ISBN 978-7-5492-9282-0

Ⅰ . ①澜… Ⅱ . ①程… Ⅲ . ①湄公河 - 流域 - 水资源管理 - 国际合作 - 研究 Ⅳ . ① TV213.4

中国国家版本馆 CIP 数据核字 (2024) 第 021215 号

澜湄水资源合作科学研究与应用
LANMEISHUIZIYUANHEZUOKEXUEYANJIUYUYINGYONG
程东升等　著

责任编辑：	李海振
装帧设计：	彭微
出版发行：	长江出版社
地　　址：	武汉市江岸区解放大道 1863 号
邮　　编：	430010
网　　址：	https://www.cjpress.cn
电　　话：	027-82926557（总编室）
	027-82926806（市场营销部）
经　　销：	各地新华书店
印　　刷：	湖北金港彩印有限公司
规　　格：	787mm×1092mm
开　　本：	16
印　　张：	12.5
彩　　页：	4
字　　数：	280 千字
版　　次：	2024 年 5 月第 1 版
印　　次：	2024 年 5 月第 1 次
书　　号：	ISBN 978-7-5492-9282-0
定　　价：	118.00 元

（版权所有　翻版必究　印装有误　负责调换）